菊乃井・村田吉弘的「和食世界遺產」

和食之心

目次

序言 006

紅豆飯 010
初午 018
女兒節 027
彼岸 035

日本料理的關鍵——高湯與調味料

高湯的二三事 043
醬油與味噌的二三事 050

賞花 059
粽子與柏餅 066
青梅 074

京都人的喜好

鯛魚 082
豆腐 089
日本茶 095

祇園祭 101
千日詣 108
精靈 116
藪入 返鄉省親 123
重陽 131

菜式、米飯與燉菜

米飯是主食 138
三菜一湯 147
冬季燉菜 155

後月 162

茶道

名殘 169

口切 176

歲末 183

序言

我出生至今不過六十多年，在日本漫長的歷史中好比短暫的一瞬間。在如此短暫的時間內，日本經歷了高度經濟成長期，飲食生活產生劇烈的變化。我認為這是日本尚未體驗過的危機。

我從小吃到現在的料理，究竟還有多少人家有在做。生於料理世家，出生後一直在京都生活的我，長年以來的飲食生活從旁人的角度來看應該會覺得「沒有人會過這樣的生活吧」。不過，正因為身處這樣的時代，我更希望讓大家知道。雖然不主張人人都要做到，但我希望大家了解日本國民傳承延續的活動或自然觀、美感之類的飲食文化，也就是「和食」的由來。基於這樣的期望寫下了本書。

和食已被聯合國教科文組織登錄為無形文化遺產。和食並非大力張揚之事，平民的飲食生活才是真正的「和食之心」，是我想要交付給下一代的重要遺產。

菊乃井、村田吉弘、

和食之心

紅豆飯

我和京都祇園一家小年糕鋪頗有交情，我請教店主一年當中哪天做的紅豆飯最多？他說是敬老日（九月第三個星期一）。我接著問要煮幾噸？答案令我大為吃驚，但想想那樣的數量在京都也算是合理。敬老日這天，京都各鄉鎮的町內會（社區發展協會）都會發送紅豆飯給老人家。敬老日不只是節日，而是向過去對社會有所貢獻的人生前輩表達感謝的日子，這是日本人持續實行的美好習俗。

以前的人更常煮紅豆飯吃，像是人生重要階段的食初①、七五三節②、十三參③、成人式、婚禮、還曆（慶祝年滿六十歲）。一年之中的重要節日也是如此，如正月新年、三月女兒節、五月端午節以及祭祀的日子。日本人是相當重視「階段」的民族。即使只是家人親戚聚在一起慶祝，過新年時，我祖父會穿上正裝和服的紋付袴，祖母則是穿留袖。父親會穿黑色雙排釦西裝搭配銀色領帶。藉由打扮來端正內心。區分「晴與褻」（日常與非日常），維持莊重的心態。以晴與褻在一年之中做出區隔，也就是保有生活節奏，這與農作時程有著密切的關係。晴與褻的觀念不只是穿著打扮或裝飾擺設。這個透過儀禮、禮節或儀式的觀念是日本人特有的素養，這樣的心態正是要珍惜守護並傳承的日本文化。

紅豆飯的歷史久遠，《枕草子》[4]也已出現紅豆粥的記述。其實米從中國傳到日本時是紅米，經過改良變成美味的白米，如今耕種紅米、吃紅米的人都變少了。日本人是稻作民族，日本神道也是以稻作信仰為基礎。春天的時候，神明會下山幫助農作。到了秋天，人們向帶來豐收的神明表示感謝。日本人相信

①慶祝寶寶出生一百天舉行餵食寶寶的儀式，祈求孩子一生不愁吃。
②三歲的男女童、五歲的男孩、七歲的女孩在每年十一月十五日到神社參拜，感謝神明保佑，祈求健康成長。
③農曆三月十三日，虛歲十三歲的男孩和女孩到神社寺廟參拜。
④平安時代的女作家清少納言的隨筆散文集。主要內容是對日常生活的觀察和隨想。

重視生活中的階段變化，遇到喜慶節日就會用紅豆飯慶祝的風俗，可見日本人的精神。

紅色可以驅邪，於是有了用炊蒸過的紅米祭拜神明的習俗，人們也會食用祭拜過的紅米，據說這是紅豆飯的由來。過去是把味道變差的紅米蒸熟後當作祭神的供品，人們也跟著分食，後來變成用紅豆增色的米飯。以糯米製作的「紅豆飯」是在江戶、元祿時期（一六八八年～一七〇四年）之後才出現。

京都的商家每個月的一日和十五日都會吃紅豆飯。每個月幾日吃什麼「菜」，像這樣每個月固定做什麼事，我認為是非常棒的制度。首先，就營養面來說，商家的吃穿都很簡單樸素。但是，每個月的一日和十五日吃紅豆飯配涼拌紅白蘿蔔絲。豆類有益健康，在腳氣病盛行的時代，維生素B_1有改善的效果。如果有目刺魚乾（將日本鯷等小魚鹽漬後，用竹籤或稻稈串起數隻，日曬乾燥），只要頭尾都在，立刻變成豪華大餐。為了家人的健康著想，以月為單位，攝取均衡的營養。此外，因為要吃什麼已經決定好，不必為了菜色煩惱。主婦對商家來說也是得力助手。幫忙做生意，自然無法花太多心思準備三餐，這麼想來，以前的人真是聰明啊。

設於店內腹地的弁天祠堂。只要經過就會合掌祝禱。新年時會獻上神酒與紅豆飯祭拜。

二〇一三年，「和食」被登錄為聯合國教科文組織的無形文化遺產。對於這件事可別一個勁的開心，被登錄代表著「重要的文化、風俗正瀕臨消失的危機」。所以，身為日本人必須用心守護並傳承下去。和食究竟是怎樣的文化呢？富足不等於經濟力，靠金錢或物質無法變得幸福。透過本書，重新省思日本民族花費數千年建立的飲食型態，思考何謂真正的富足，以及日本民族的文化與主體性。

被視為紅豆飯由來的赤米。
日本人認為紅色可驅邪，將炊蒸過的赤米獻給神明是紅豆飯的起源。

紅豆飯

材料

糯米　2杯
水煮紅豆
　生紅豆　40克
　水　700cc
酒鹽
　酒　70cc
　煮紅豆的水　60cc
　鹽　5克

作法

1 紅豆泡水一天後，連同水一起下鍋，以大火煮滾。接著把火力調小，煮30～40分鐘後放涼。將煮汁與紅豆分開。

2 洗好的糯米和1的煮汁（取60cc製作酒鹽）一起倒入調理碗，靜置兩小時。

3 在冒出大量水蒸氣的蒸鍋內鋪布，倒入瀝乾水分的糯米、擺上紅豆，以大火炊蒸10～15分鐘（過程中翻拌糯米和紅豆，使兩者受熱均勻）。

4 把3移入調理碗，淋上拌勻且加熱過的酒鹽混拌。

5 再次倒回蒸鍋，炊蒸5～10分鐘。

日本人一有喜事就會製作紅豆飯，裝入木製漆器，分給親戚鄰居。擺上南天竹葉，意指「翻轉災難」。

初午

外地人通常不太知道，「初午」在京都是很重要的活動。初午是二月第一個午日。這一天伏見稻荷大社會舉行初午大祭，人潮洶湧相當熱鬧。原本被奉為農耕神祭拜，如今已成為保佑闔家平安、生意興隆的神明。稻荷大社歷史悠久，據說是和銅四年（七一一）的初午，深草的秦氏族在東山三十六峰最南端的稻荷山三峰安奉了稻荷神。《枕草子》和《今昔物語集》[5]中也描述到許多人在初午參拜的情況，當時要到山腰的中社、山頂的上社參拜非常困難。初午大祭這天，門前會有販賣伏見土偶的店家，敝店的老闆娘每年都會去買該年的生肖土偶。色彩鮮豔，樸實可愛。伏見土偶的布袋和尚（彌勒佛，七福神之一）很有名，京都的家中供奉了七尊，由小到大依序排列。另外還有名為「田豐」的素燒瓦器，有「菊田豐」或「柚子田豐」。田豐（でんぼ）是京都話的腫包（たんこぶ）。如腫包般圓滾滾的附蓋容器，就像是糖果盒，孩子們都很期待收到這個。

初午有必吃的食物，豆皮壽司配芥末拌畑菜和粕汁（酒糟味噌湯）。狐狸是稻荷大社的神使及眷屬，使用牠愛吃的食材和炸豆皮做成豆皮壽司，以及同樣是狐狸喜歡的黃芥末做成芥菜拌菜。初午這天也會把炸豆皮當成供品。畑菜是類似油菜的蔬菜。昭和三〇年代有許多人栽種，現在已經沒什麼人種了。豆皮壽司的壽司飯會拌入大麻籽、芝麻、柚子皮、金時胡蘿蔔（又稱京都胡蘿蔔）和牛蒡。一般人家或店家放的料有些許差異，但京都的豆皮壽司經常放大麻籽，也一定會混拌其他配料。京都的料理店注重香氣與質感。東京的豆皮壽司只有醋飯令我感到驚訝。總覺得那樣似乎少了什麼，我還是喜歡京都料多的豆皮壽司。三角形的外形據說是模仿狐狸的耳朵或稻荷山的形狀，東京多半是橢圓形。

⑤平安時代（七九四～一一八五）末期的民間故事集。

初午之膳有豆皮壽司、芥末拌畑菜、粕汁。
將赤繪碗、樸素的湯碗擺在根來塗（和歌山縣的漆藝技法，將黑漆漆器覆以朱漆，抹去部分朱漆，使黑色底漆透出）的托盤上，豆皮壽司放在樂家四代一入的四方盤內。湯碗／漆器畠中。

加入大量蔬菜，喝了暖呼呼的粕汁，配上豆皮壽司、芥末拌畑菜，營養滿分，在以前可說是豪華大餐。農曆的初午在現代正好是農家開始準備耕作、翻土播種的時期。

既然如此，那就祈求五穀豐收，好好吃一頓，慶祝初午。

不只是初午，敝店向來重視節日活動。讓員工親身體驗，教導他們節日活動的由來或意義。最近不注重節日活動的家庭變多了，以致於越來越多人不了解。這是日本文化的危機。例如，初午的時候會在壁龕掛寶珠掛軸，寶珠代表狐狸。直接表現的方式顯得粗俗，即使是初午也不掛狐狸掛軸。聯想也是日本文化之一，不必明說也能明白、領會、傳達。這需要一定程度的教養，節日活動有很大的影響力。在節分結束快要初午前，敝店會將小塊的豆皮壽司放在繪馬形狀的杉木板上當作前菜。有些客人看到會說「都快初午了，還是覺得好冷啊」，有些客人卻是說「前菜是豆皮壽司真是平民吶」。到料亭當然要享用美食，但不僅如此，享受料理當中的巧思或季節感才是醍醐味。

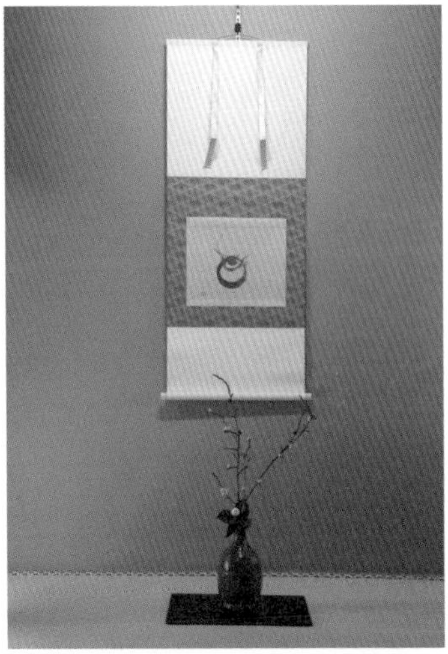

初午當天會掛上江戶時代中期的畫家圓山應舉的寶珠掛軸。高麗青瓷花器裡插入白山茶花與梅花。

初午大祭必買的伏見土偶。也會擺上該年的生肖土偶。

節日活動或季節感是孩童時代從生活中自然養成，我們應該認真思考在家中好好地實行。

豆皮壽司

材料（4 人份）

壽司飯

米　2 杯
水　360cc
昆布（3 公分見方）1 片
壽司醋　60cc（作法請見下文）
牛蒡　1 根（80 克）
（調味料／高湯　300cc
淺色醬油　15cc
鹽　1 克
味醂　5cc）
金時胡蘿蔔　1/5 根（60 克）
（調味料／高湯　150cc
淺色醬油　10cc
鹽　1 克
味醂　5cc）
白芝麻　15 克
大麻籽　1 克
黃柚子皮　1/2 個的量

豆皮

炸豆皮　6 片
（調味料／酒　200cc
水　400cc
淺色醬油　25cc
深色醬油　25cc
砂糖　70 克）

壽司醋

米醋　60cc
砂糖　40 克
鹽（非精製鹽）10 克
（將材料倒入鍋內拌合，加熱至鹽和砂糖溶解後放涼）

作法

1 製作豆皮。炸豆皮對半斜切，劃開切口，方便塞料。用手指輕輕撐開成袋狀。擺入鍋中，倒入調味料，放上用水沾濕的紙蓋，加熱至煮汁幾乎收乾。

2 製作壽司飯。牛蒡洗淨，削切成薄絲。胡蘿蔔去皮，大略切塊。各自加調味料炊煮。大麻籽炒香。米加水和昆布煮成飯。將白飯移入壽司飯桶，加壽司醋切

京都的豆皮壽司餡料滿滿，放了大麻籽、柚子皮、芝麻、牛蒡、金時胡蘿蔔。

拌，做成醋飯。

3 趁醋飯還熱的時候，加入瀝乾水分的牛蒡絲、胡蘿蔔、白芝麻、大麻籽、切丁的柚子皮快速切拌，分成12等分。

4 擠乾豆皮的湯汁，打開切口，填入3的壽司飯，收口整型。

粕汁

材料（4人份）

蘿蔔　200克
金時胡蘿蔔　100克
炸豆皮（大）　1/2片
水芹　1/2把
高湯　1000cc
酒糟　140克
酒　少許
淺色醬油　20cc
鹽　4克
七味辣椒粉　適量

作法

1 蘿蔔和金時胡蘿蔔切成長3公分、寬7公釐的短條狀。炸豆皮縱切成三等分，再切成7公釐寬。水芹切成小段。
2 酒糟撒上少許的酒，蒸約五分鐘，使其變軟。
3 鍋內倒入高湯、1的蘿蔔和金時胡蘿蔔、豆皮加熱。煮滾後轉小火，讓蘿蔔和金時胡蘿蔔煮透。
4 放入2的酒糟攪拌，以淺色醬油和鹽調味。
5 將4盛入碗內，擺上水芹，依個人喜好撒些七味辣椒粉。

芥末拌畑菜

材料（4～6人份）

畑菜　2把
高湯　540cc
淺色醬油　35cc
鹽　3克
味醂　10cc
黃芥末　適量
柴魚片　3克

作法

1 畑菜洗過後汆燙，放入冷水冷卻。擰乾水分，切成4～5公分長。
2 鍋內倒入高湯、淺色醬油和鹽、味醂加熱，煮滾後放柴魚片並關火。
3 將變涼的2過濾，放入畑菜醃漬2～3小時。
4 用高湯（材料分量外）溶解黃芥末，從3取出畑菜，略微浸泡後盛盤。

女兒節

我有兩個女兒。她們還小的時候，是我母親和老闆娘布置擺設女兒節娃娃，後來她們長大了也會一起幫忙。京都人是過農曆的女兒節，在春光明媚的好天氣，四個女人吵吵嚷嚷地布置女兒節娃娃的場景，外人看來或許覺得很歡樂。其實，女兒們都嫌麻煩，嘴上不停抱怨。這時候我會說「這事不能不做啊」。她們就會回嘴：「為什麼？」但這種事是沒有理由的。社會大眾普遍認為可以捨棄習慣，對我來說，保留風俗就是在守護文化。去文化中心學不到文化，遵守固有習慣，了解其含意才是文化。因此女兒節當天，敝店的員工餐是吃散壽司配芥末拌油菜花，或是醋味噌拌炸豆皮分蔥，以及白肉魚海帶芽味噌湯。祇園祭這天是吃鯖魚壽司配烤魚板和雞腿肉。一月七日會做七草粥（用薺菜、鼠麴草、蕪青、稻槎菜、繁縷、水芹、蘿蔔煮成粥）。我母親也會在五月的端午

雛膳（女兒節料理）

飯　女兒節散壽司

湯　白味噌湯
艾草麩　黃芥末

烤物　長鰈
花形藕片

炊合（燉物）　筍子　海帶芽　蜂斗菜　山椒嫩芽

拌物　銀魚柚香煮
芥末拌油菜花

箸洗（清口湯）　蜆仔時雨煮⑥
薑絲

盛裝在朱漆器的女兒節料理，每道菜都很用心，令人感受到春意盎然的氣息。器皿／漆器畠中

⑥時雨即陣雨，時雨煮是指短時間內就能完成的料理方式。

節發柏餅給員工，中秋節是月見糰子。像這樣自然而然記住哪一天該吃什麼也是遵守風俗的要事。

日本五大節的人日（一月七日，人類被創造的日子）、上巳節（三月三日）、端午節（五月五日）、七夕（七月七日）、重陽節（九月九日）是源自中國古代在一年之中的重要階段舉行祭禮的風俗。傳入日本後，成為宮廷的儀式活動，後經德川幕府的制定，普及至民間。奇數為陰陽的「陽」，雙陰數就變成「陰」。原是為了避免發生禍事，進行消災解厄的儀式，在四季分明的日本，農耕民族的日本人對季節變化很敏銳，因而衍生出一整年的節日活動。季節轉換之際，祈求無病無災、子孫繁榮、五穀豐收，製作節日的料理，成為每家每戶的慣例。以我家為例，冬天是山茶花。到了春天就是玄關前的櫻花。邊看邊想著今年何時會開花呢。秋天是廚房旁的菊花。每年反覆看，每年想像，轉化為幸福的記憶。其實這些是享用料理時的要素。表現季節的感動正是日本料理的根基。

既然是女兒節的時期，就用人偶造型的器皿盛裝料理，雖然這麼做也不是

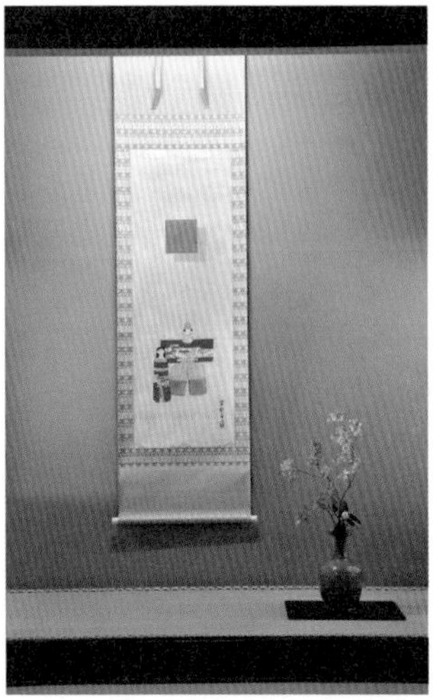

三月三日，在壁龕掛上酒井抱一的「立雛」掛軸，洗練的高麗青瓷花器裡插入西王母山茶花與吊鐘花。

也許是外形看起來像是被撕碎的樣子，被稱為「引千切」的和菓子，這是女兒節必備的點心，由京都的「聚洸」製作。

不行，難免俗氣了些。敝店三月的料理是清炸蜂斗菜佐少許的味噌。打開蓋子時，春天的香氣緩緩飄散。光是這樣，已在客人心中留下春天的幸福意象。

每個人對春天各有想像。對我來說，那是站在店門前的櫻花雨之中。忙碌過後的空檔，不經意感受到春意的時刻。每年都會重新想起的幸福記憶，這是我的春天。日本料理也許是四次元的料理。創造美味，就是讓客人想起那些幸福的記憶。和家人在每個季節進行活動，享用手作料理。家庭的幸福記憶是讓料理吃起來美味的要點。透過料理獲得身心的營養是日本料理的奧妙與美好。

節日活動與季節無法切割，和地方色彩也有密切的關聯。京都的女兒節料理不可或缺的食材是蜆仔、白肉魚、油菜花、長鰈。雙殼貝是貞節的象徵，廣泛用於各地的女兒節料理，但以蛤蜊居多。也許是京都靠近琵琶湖，容易獲得瀨田的蜆仔。長鰈也是因為從若狹灣捕獲直送的關係吧。以前的人會說那是「若狹物」，不近海的京都，海產多半是從若狹灣而來。守護傳承和食的第一步是從家庭出發。

希望現在的日本人能夠重新認識季節的活動儀式，女兒節到了就拿出女兒節娃娃做裝飾，和孩子或孫子多多製造幸福的記憶是很重要的事。

女兒節散壽司

雛膳的食材有油菜花、長鰈、銀魚、蜆仔等。儘管各家準備的料理不同，使用的都是有含意的食材。

材料

米　1 杯半
水　1 杯半（270cc）
昆布（2.5 公分見方）1 片
壽司飯的配料
（切碎的滷香菇、凍豆腐、葫蘆乾）
共 50 克
滷星鰻（切碎）
壽司醋（120ml 的米醋加 2 克的鹽、
75 克的砂糖加熱煮溶）　45cc
熟芝麻粒　4 克（2 小匙）
黃柚子皮（切成 3 公釐丁狀）3 克

作法

電鍋內倒米和水，放昆布炊煮。煮好後取出昆布，趁熱加壽司醋混拌。再加配料、切碎的滷星鰻、柚皮丁、熟芝麻粒拌合。

請各位以這個壽司飯為基底，擺上喜歡的配料，做成專屬自家味的散壽司。

※將壽司飯盛入容器，撒上海苔絲和蛋絲，依序擺放已調味的花瓣胡蘿蔔、胡蘿蔔丁、山葵、豌豆、荷蘭豆、花瓣薑片、滷星鰻、煨煮明蝦、滷香菇、鮭魚卵。最後放山椒嫩芽裝飾即完成女兒節散壽司。

煮筍

材料

竹筍　1根（約500克）
米糠　近1杯
水　2L
辣椒　1條

作法

1 筍尖稍微斜切，米糠用棉布等物包住，放入水中搓揉成白濁的米糠水。

2 將辣椒和竹筍放入1裡加熱。擺上內蓋，煮滾後以中火保持滾沸狀態，煮20～30分鐘。以竹籤等物戳刺，煮至變軟便可關火，靜置放涼。

燉筍

材料（3～4人份）

煮過的竹筍　1根
高湯　800cc
鹽　4克
淺色醬油　25cc
味醂　5cc
柴魚片　10克

作法

1 剝掉筍皮，用竹籤等物去除根部周圍多餘的皮。切成適口大小後，劃幾刀使味道容易入味。

2 將竹筍、高湯、調味料下鍋，擺上包入柴魚片的烤盤紙或紗布代替內蓋。

3 煮滾後轉中火，煮10～15分鐘，關火放涼，要吃的時候再加熱。

彼岸

各位知道和菓子的牡丹餅和荻餅嗎？荻餅是因為外層的紅豆粒看起來像荻花（胡枝子），牡丹餅則是因為形似牡丹花。雖然名稱不同，其實兩者是相同的東西。春天是牡丹，秋天是荻花，這是日本人的風雅。荻餅的日文「御荻」（おはぎ）是女房詞（古時宮中女官使用的隱語），意指荻花。以前的牡丹餅也有做成五種顏色。紅豆沙餡、紅豆粒餡、黃豆粉、芝麻、青海苔。小時候我很期待吃那個。彼岸的中日⑦在日本是敬拜祖先、追思亡者的國定假日。

京都人經常掃墓。祖父母的月命日和父親的月命日（命日即忌日，每個月和忌日相同日期的日子），光是這樣，每個月就有三天要掃墓。掃墓當天會請

⑦彼岸是指以春分或秋分為基準，前後為期一周的時期，中日就是春分或秋天當日。

紅豆粒餡和黃豆粉的牡丹餅，滋味樸實。過去大部分的日本家庭都會在春、秋的彼岸製作。將牡丹餅擺在佛壇，崇敬供養祖靈。重箱／漆器畠中。

和尚誦經。崇敬祖先的心情，令我感受到祖先與活在現世的我們是如此接近。自己的存在是過去數萬甚至數億祖先生命的延續。想到這兒，我就會意識到自己的生命不只是我自己的，我要和祖先一起養生。

因此對京都人來說，彼岸是特別重要的日子。彼岸第一天去掃墓，供奉牡丹餅。即使現在工作忙碌，彼岸的時期一定會去掃墓。小時候，我母親會在彼岸的中日製作牡丹餅分送給鄰居親戚。為何不是第一天而是中日？因為不能和親戚撞期。彼岸第一天是分家的奶奶負責製作分送，中日才輪到我母親。

每年的彼岸期間都會做素散壽司。用香菇或炸豆皮、葫蘆乾、蓮藕等材料製作，相當樸素的家常壽司。最後再撒上名為黃湯葉（湯葉即豆皮）的乾燥豆皮，以此代替蛋絲。配菜也是燉飛龍頭（關東稱為雁擬的炸豆腐丸子），或是生麩和豆皮、香菇的素燉菜，餐桌上盡是素食料理。對了，如果親戚當中有人在該年過世，所有親戚會聚在一起，稱為初彼岸。現在的人嫌麻煩，就連法會也不太願意做，真搞不懂怎麼會有那樣的心態。因為某人的忌日，親戚團聚問候，這是很重要的事。一群小孩子在爺爺奶奶們之間穿梭嬉鬧，因為太吵被最兇的爺爺責罵。透過這樣的聚會自然去感受、思考家族的羈絆與狀態。「你是本家的長男，要好好振作！」、「本家的長男好比父親。你要團結親戚，保護表親」，在那種場合上被這樣叮嚀，自然而然有了要變成熟的覺悟，或是說心理準備。

日本人獨特的生死觀、精進（潔身慎行）的根本精神，對料理人而言是極為重要的事。日文的「我要開動了」這句話隱含著對大自然的恩惠，以及今天也有食物可吃的感恩心情，但不僅於此。這也是在向奉獻生命成為糧食，讓我們維持生命的「生物」表達「珍惜享用」的心意。與自然共生的日本人，理所當然會有這樣的心情，對從事料理工作的人來說，更是應該深植靈魂的精神。一年兩次的彼岸，不正是思考生命的好機會。我母親儘管要照顧四個孩子，同時兼顧老闆娘的工作，她還是能抽出時間做牡丹餅和素散壽司，我打從心底佩服。如今她仍會提醒內場的員工「彼岸到了，記得做素散壽司喔」。沒時間做牡丹餅的話去買就好，至少挪出一點時間，合掌靜思關於祖先和生命的事。

牡丹餅

紅豆粒餡

材料（方便製作的分量）

紅豆　250克
砂糖　280克
鹽　2克

作法

1. 製作紅豆粒餡。紅豆下鍋，倒入蓋過紅豆的水量（約700cc）加熱。煮滾後，待水變成暗紅色，用網篩撈起，瀝乾水分。
2. 紅豆再次下鍋，重加700cc的水，滾煮約一小時，煮至變軟。過程中為避免紅豆露出水面，加冷水二～四次。
3. 待紅豆煮軟後，用棉布過濾。
4. 在鍋中倒入紅豆和半量的砂糖，以中火加熱混拌。等到糖溶化後，再加剩下的砂糖。煮至呈現光澤感，加鹽拌合。待紅豆粒餡變成黏稠狀態，移入托盤放涼。
5. 將紅豆粒餡分成35克和40克。

糯米糰

材料（方便製作的分量）

糯米　2杯
水　2杯
鹽　2克

作法

1. 製作糯米糰。清洗糯米，第一次加的水立刻倒掉，用第二次加的水開始洗米。重複二～三次，以網篩撈起靜置30分鐘～1小時，加材料分量的鹽和水炊煮。
2. 煮好後用研磨缽稍微壓爛，手沾水將糯米糰分成35克和40克。

組裝

1. 紅豆粒餡牡丹餅：把35克的糯米糰搓圓，取40克的紅豆粒餡放在擰乾的濕棉布上，包住糯米糰並塑形。
2. 黃豆粉牡丹餅：把35克的紅豆粒餡搓圓，取40克的糯米糰放在擰乾的濕棉布上，包住紅豆粒餡並塑形。最後撒上適量的黃豆粉。

素散壽司

材料（約 5 人份）

米　3 杯
壽司醋　90cc（作法請見下文）
混拌的配料
- 葫蘆乾　20 克
  （調味料／
  昆布高湯　300cc
  淺色醬油　30cc
  砂糖　25 克）
- 凍豆腐　1 塊
  （調味料／
  昆布高湯　200cc
  淺色醬油　20cc
  砂糖）
- 炸豆皮　1／3 片
  （調味料／
  昆布高湯　200cc
  淺色醬油　30cc
  砂糖　15 克）

壽司醋（方便製作的分量）
- 米醋　60cc
- 砂糖　50 克
- 鹽（非精製鹽）10 克

（將材料倒入鍋內拌合加熱，待鹽和砂糖煮溶後放涼）

擺在上面的配料
- 蓮藕　50 克
  甜醋（作法請見下文）
- 乾香菇　20 克
  （浸泡液／
  酒　120cc
  水　120cc）
  （調味料／
  深色醬油　10cc
  味醂　5cc
  砂糖　7 克）
- 荷蘭豆　10 片
- 乾豆皮　2 片
- 烤海苔　2 片
- 紅薑　適量

甜醋
- 水　60cc
- 醋　20cc
- 砂糖　11 克
- 昆布 1 克

（水加醋浸泡昆布一晚。倒入砂糖後加熱，快煮滾前關火、放涼）

作法請參閱 P40

素散壽司

作法

1 蓮藕去皮切薄片，汆燙後用甜醋醃漬。荷蘭豆汆燙後泡冷水，斜切成三等分。

2 乾香菇洗淨後，用酒加水的浸泡液泡半大，使其回軟。

3 把2的浸泡液過濾後倒入鍋中，放香菇、加調味料，以中火煮至湯汁收乾。放涼後切片。

4 葫蘆乾用鹽（材料分量外）搓洗，煮軟後泡水，切成5公釐寬。下鍋放調味料加熱，煮至湯汁收乾。

5 凍豆腐用水泡軟，擠乾水分，切成寬5公釐、長2公分的條狀。炸豆皮切成四等分，再切成約5公釐寬。各自用調味料煮約10分鐘。

6 乾豆皮用水泡軟後切碎，烤海苔用手揉碎。

7 將煮好的飯加壽司醋拌合，把4的葫蘆乾、5的凍豆腐和炸豆皮用網篩撈起瀝乾湯汁後混拌。

8 放涼後盛盤，擺上6的乾豆皮和海苔。

9 最後再放1的藕片、荷蘭豆和3的香菇與紅薑。

日本料理的關鍵——高湯與調味料

高湯的二三事

敝店上一代店主常說煮物（燉菜）的味道是「殘心之味」。喝了一口高湯，心想「味道好像有點淡？應該再鹹一點比較好」，喝到最後又覺得「啊，真好喝，好想再喝一些」。這就是殘心之味。如何讓濃郁的高湯喝起來感覺清爽。昆布、鰹魚（柴魚）的香氣似有若無卻鮮味十足。高湯不可喧賓奪主，這是菊乃井理想的美味高湯。敝店的京都總店每天會熬煮六～一〇斗（一斗約一・八公升）高湯。想到這個量不免深感日本料理果然是品嚐高湯的料理啊。

常有人問我美味的高湯是什麼？料理店的高湯、烏龍麵店的高湯，以及家庭的高湯，「美味」的定義各有不同。以家庭來說，將鰹魚（柴魚）或鯖魚、昆布加碎小魚乾的袋裝高湯已經很好喝。用那樣的高湯炊煮蔬菜和炸豆皮就成了一道佳餚。不可以調味，放些佐料即可。味道全由食材決定，那就是家庭料理。

以前的人都是用手邊現有的東西熬煮高湯，然後連同高湯一起吃。這是所謂的「四里四方」，只要吃居住地附近的食物就會吃得美味又健康。

所以啊，以前才沒有宅配呢。不過，攝取符合在地風土氣候，營養不流失的新鮮食物是很合理的事。因此，日本各地都有高湯，創造出多樣化的鄉

各種高湯

由上起，順時鐘方向依序是／利尻昆布、葫蘆乾、大豆、魚乾（大、小）、柴魚（鯖魚）、烤飛魚乾、赤鯮（黃鯛）、秋刀魚、帶頭蝦乾、蝦仁、乾香菇。

中央上起／龜節[8]柴魚（長鰭鮪魚）、本節[9]枯柴魚（公鰹、母鰹）、去血合肉背節柴魚（長鰭鮪魚）。

各地使用當地捕獲的魚熬製高湯，增添料理的鮮味。這是生活智慧的恩典。

土料理。以前老家在四國的員工，返鄉探親回來後，帶了蝦仁和海帶芽送給我。對四國人來說，蝦仁是上等高湯的食材。瀨戶內海好比小魚的搖籃，那兒能捕獲許多小魚，通常是做成練物（魚漿製品），也會曬乾用來煮高湯。在漁產豐富的日本，人們會用曬乾的魚熬煮高湯，這是很自然的事。但想想，法國人並不會用曬乾的肉熬煮高湯。雖然有培根之類的乾貨，卻不會像日本人把鰹魚曬成硬梆梆的柴魚熬煮高湯。

⑧龜節通常是用魚腹肉製作而成，脂肪較多，熬出來的高湯較濃，煮的過程中易碎。

⑨本節是用魚背肉製作而成，脂肪較少，熬出來的高湯較清淡且不易碎。

費時費工熬煮高湯，再用來煮蔬菜，搭配現煮的飯一起享用。那或許才是真正的「款待」。為了某個人花費時間心思，這是款待的精髓。

味覺有五種，甜、鹹、酸、苦，以及鮮。鮮味是日本獨創的味道。人類最先獲得的養分是母乳。這是由醣類、脂質、鮮味成分所構成。喝了母乳後，腦內會分泌產生快感的多巴胺，也就是覺得美味的愉悅感。無論哪個民族都會透過麵包或米食攝取醣類。法國料理等他國料理是以脂質為主。

相較之下，只有日本料理是以鮮味為主。為何現在日本料理備受關注，因為鮮味沒有熱量很健康。懷石料理的套餐有六五道，若扣除甜點，攝取的總熱量約一千卡，而法國料理的套餐是二五道，卻有

後／鱉湯

鱉肉　烤麻糬　薑絲

前／蟹膏湯

蟹凍　青味大根與胡蘿蔔結

松葉柚皮

煮物碗是品嚐高湯的料理。濃郁的蟹膏湯與滋養豐富的鱉湯。

二千五百卡。當然根據料理內容會有差異，基本上就是差這麼多。發現了「鮮味」，使其成為飲食文化是相當值得向世界誇耀的事。為何日本人能夠擁有其他民族未能發現的第五味覺。可能是江戶時代的鎖國影響和佛教的戒律，禁止日本人吃四足動物所致。

明治時代，池田菊苗博士（味精的發明者，日本知名食品公司「味之素」的創辦人之一）發現了鮮味成分之一是一種名為麩醯胺酸的胺基酸。日本人最熟悉的昆布的鮮味是麩醯胺酸，鰹魚（柴魚）則是肌苷酸。日本料理的基底昆布柴魚高湯含有這兩種鮮味成分。以豐富的海產與山產熬煮出各種高湯加以活用，先人的創意巧思著實令人折服。

熬取高湯的村田先生可說是日本人味覺的原點。

薄冰湯

鴨真蒸（亦寫作「真薯」，以魚肉、蝦肉等食材加山藥、蛋白和高湯塑型成塊）
烤蔥
艾草粿
繪馬形慈菇
番杏（法國菠菜）
梅花形胡蘿蔔
柚子
金箔

直接品味一番高湯（第一次熬取的高湯）的薄冰湯，薄冰（蕪菁片）下潛藏春意的風雅之作。

一番高湯的熬煮法

材料

水　1800cc（1 升）
昆布
（菊乃井是使用利尻香深產的 2 年窖藏一等昆布）　30 克
柴魚片
（菊乃井是使用枕崎產的公鰹去血合肉本枯柴魚）　50 克

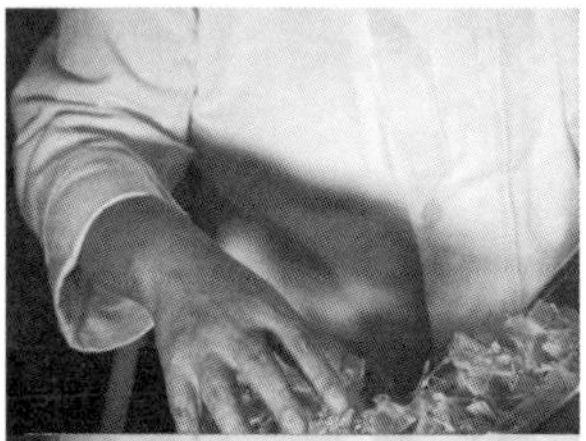

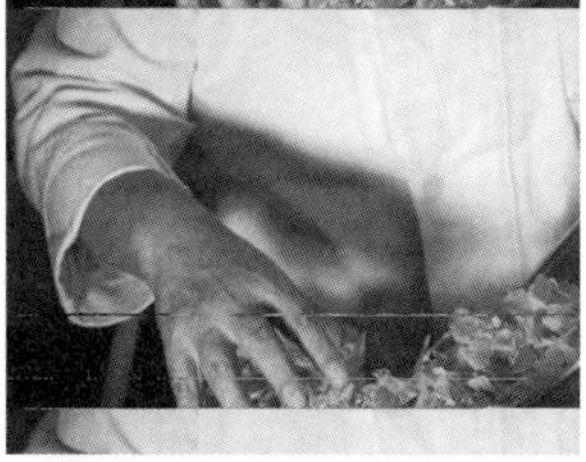

作法

1 水倒入鍋中，昆布不需清洗直接下鍋，加熱一小時，溫度保持在60度。（80度以上會讓昆布釋出黏稠物質，溫度過高會使蛋白質凝固，無法煮出鮮味。以60度煮一小時是煮出鮮味的最佳方法）

2 取出昆布，加熱至85度後關火。

3 快速加入柴魚片，用筷子輕壓，10秒內過濾。這樣就能煮出透徹的高湯。（雖然鰹魚的鮮味來源肌苷酸在高溫下容易釋出，卻也容易釋出澀味或酸味。以85度煮10秒即可）

日本料理的關鍵——高湯與調味料

醬油與味噌的二三事

日本人應該很難想像沒有醬油和味噌的飲食生活。若說兩者是日本料理味道的根基，一點也不為過。醬油、味噌、醋、酒、味醂是日本具代表性的調味料。最大的特徵是它們都是發酵食品。尤其是醬油和味噌，從古至今歷經各個時代，在許多地方發展完成。接下來我想以醬油和味噌為主題，和各位聊聊關於調味料的事。

由於日本四面環海，最初誕生的古代調味料是將海鮮煮稠的醬汁，名為「以呂利」。這個名稱曾出現在平城京遺跡出土的木簡，平安時代中期完成的最古老辭典《倭名類聚鈔》（或稱和名類聚抄）中，調味料類的部分有提到「煎汁」，這被解釋為「鰹以呂利」（用鰹魚煮稠的醬汁）。這種魚汁或魚醬，吃魚的民族普遍都會製作，用於料理。雖然日本至今仍會使用鹹魚汁（將叉牙魚用鹽醃漬發酵，過濾後的魚露）、魚醬油，但在歷史演變的過程中，大豆和麴發酵而成的「豆醬」蓬勃發展，成為主要的調味料。中世紀末期到近世，人們製作出米味噌和麥味噌，同時也從味噌衍生出醬油。當時有人舀了味噌的上清液，品嚐後發現很美味，這就是醬油的起源。

以醬油基底的醬汁烤成的鍬燒雞（鍬燒是把沾了醬汁的肉或蔬菜用鐵板或平底鍋煎烤而成的料理）。

室町時代誕生了茶道與懷石料理，這是日本料理發展的重大契機。懷石料理的發達加強重視食材原味的趨勢，促成醬油的發展。到了江戶時代，平民的餐桌上也可見到醬油。醬油和味噌都是用米、大豆、麥、麴釀造而成。在各地發展出配合當地風土的製法與風味，如今成為在地的味道。初訪京都的東京人喝到白味噌湯覺得驚訝，京都人在東京吃到烏龍麵也感到驚奇。日本人新年喝的年糕湯就是很好的例子，各個地方的家家戶戶各有各的味道。當旅行變成家常便飯，接觸到各地的名產後，很容易就能知道。加上宅配的發達，全國的各種食材也變得方便取得。不過，在地的味道、家裡的味道還是要牢記在心，好好珍惜。

醬油的焦香，令人難以抗拒。我不是在說笑，光是聞到醬油的香氣就能吃上好幾碗飯。這種本能反應簡直是日本人的DNA。「香氣」是一種學習。舉例來說，像是京都人不懂得新蕎麥的香氣。我親身體驗過好幾次，所以已經能夠了解，但以前真的一無所知。對東京人來說，京都番茶有股獨特的薰香，可是京都人從小喝到大，絲毫不覺得有何特別。

說到品嚐味噌的料理，莫過於田樂。夏天就想吃賀茂茄子。同時享受白味噌與紅味噌的雙重美味。

因此，日本人覺得很棒的味噌香或醬油香，外國人起初並不那麼認為。不過，把烤鴨肉的肉汁煮稠成醬汁的鴨高湯（fond de canard）就能感受到醬油的味道與香氣。因為鴨肉的蛋白質（胺基酸）、醣類煮稠（加熱）後會變成褐色，產生各種香氣成分。這稱為梅納反應（Maillard reaction）。加熱發生的梅納反應經過一段時間形成發酵調味料，所以能夠感受到醬油的味道與香氣。以醬油、味噌等發酵調味料為調味主軸的日本人果然很聰明，懂得把梅納反應這個創造美味的魔法當作調味料。

醬香四溢、滋味濃郁的鍬燒雞。

當然，在營養方面更不用說。新鮮生魚片沾上等醬油享用也是日本料理的醍醐味，生魚片的鮮味（肌苷酸）加上醬油的鮮味（胺基酸），可說是鮮上加鮮。從日本人的經驗中誕生的調味料用法，在理論上也相當正確。

鍬燒雞

材料（3～4人份）

雞腿肉　300～400克
調味料
- 深色醬油　30cc
- 酒　30cc
- 味醂　60cc

糯米椒
沙拉油　適量
麵粉、山椒粉　各適量

作法

1. 雞腿肉撒上麵粉後，拍掉多餘的麵粉。
2. 拌合調味料。糯米椒去蒂，用竹籤等物戳數個洞。
3. 在不沾平底鍋內倒油，把1的雞皮朝下放入鍋中，以中火煎烤。待兩面呈現焦黃色澤後，加調味料煮至醬汁變稠，邊加熱邊用醬汁澆淋雞肉。快完成前放入糯米椒。
4. 雞肉切塊，和糯米椒一起盛盤，淋上鍋內剩下的醬汁，撒些山椒粉。

賀茂茄子田樂燒

材料（4人份）

賀茂茄子　2個
炸油　適量
白田樂味噌　60克
（作法請見下文）
紅田樂味噌　60克
（作法請見下文）
罌粟籽　適量
青柚子皮　少許

白田樂味噌
（方便製作的分量）
※炊味噌　360克
煮切酒[10]　100cc
蛋黃　1顆
砂糖　10克
炊味噌加煮切酒、蛋黃、砂糖拌勻。倒入鍋中加熱，為避免煮焦，邊煮邊用木匙等物攪拌，拌至變成炊味噌原本的硬度。

※炊味噌的作法
將200克的甘口白味噌和200cc的酒下鍋拌勻，加熱煮滾後把火力調小，用木匙等物攪煮至變成原本的硬度。

紅田樂味噌
（方便製作的分量）
八丁味噌　200克
酒　500cc
砂糖　140克
八丁味噌加酒和砂糖拌勻，下鍋加熱，為避免煮焦，邊煮邊用木匙等物攪拌，拌至變成約原本一半的量。

作法

1 賀茂茄子去頭和尾，對半橫切。在表皮縱劃間距1.5公分的切痕，沿切痕剝皮，跳過一道切痕再剝皮。

2 背面用竹籤戳數個洞，以180度的油炸至呈現金黃色。起鍋後用150度的烤箱烤15～20分鐘，烤掉多餘油分。

3 烤熟後塗抹一半的白田樂味噌和紅田樂味噌，用烤箱烤上色。

4 紅田樂味噌擺上罌粟籽，白田樂味噌擺上青柚皮絲。

⑩加熱煮到酒精完全揮發的清酒或甜米酒，被當做調味料使用。

日本全國的醬油

日本目前有五種具代表性的醬油。

深色醬油／全國皆有生產，非常普遍的醬油。主產地在關東地區，千葉縣野田市和銚子市等處最有名。鹽分約16%。

淺色醬油／醬色淺的醬油，適合突顯食材的原味，用於煮物（燉菜）、吸物（湯）等料理。鹽分濃度比深色醬油高。

白醬油／醬色比淺色醬油淡的醬油。為使醬色變淡，釀造時所用的小麥比例較高。糖度高、香氣佳。

壺底油／大部分的原料是大豆。將味噌麴糰放入鹽水中，使其熟成。味濃香氣重，受到中部地區的人喜愛。

再釀醬油／因為是用生醬油取代鹽水，相當於再次釀造的醬油。味道比壺底油濃，用於生魚片或壽司。別名甘露醬油。

由上起，順時鐘方向依序是淺色醬油、再釀醬油、深色醬油、白醬油、壺底油。

日本全國的味噌

日本各地生產活用地域性的味噌。味噌依原料和麴的種類概分為三種。以麴和鹽分的比例分為辛口、中辛口、甘口，以大豆的加熱法分為白色、淡色、赤（紅）色。米味噌是日本最常見的味噌，愛知縣、岐阜縣、三重縣的中部三縣是豆味噌，九州與中國、四國地區的一部分使用麥味噌。

米味噌／具代表性的為東北、關東地區的赤系辛口、信州、北陸地區的淡色系中辛口、京都和讚岐地區的白色甘口。

麥味噌／除了九州、中國、四國地區的甘口，還有埼玉縣和栃木縣的辛口。

豆味噌／用大豆發酵、熟成的味噌。最有名的是愛知縣的八丁味噌、三州味噌。

右上起，順時鐘方向依序是麥味噌、米（白）味噌（京都的西京味噌）、豆味噌（八丁味噌）。

賞花

在日本說到「花」，就會想到櫻花。雖然法律沒有明文規定，櫻花和菊花已被認定為日本的國花，這點相信日本人都不會反對。不過，櫻花是何時開始成為日本人心目中的花，那是在平安時期之後。在此之前，花通常是指梅花。為何是梅花？因為奈良時代從中國傳入梅花，當作觀賞植物，這也是賞花的起源。到了平安時代變成欣賞櫻花，甚至成為貴族廣為歌詠的對象。提及賞花，最有名的是豐臣秀吉舉辦的盛大花宴「吉野花見」和「醍醐花見」（花見即賞花），至於平民也有他們享受賞花樂的方式。櫻花與日本人有著深切且強烈的連結。

看著櫻花總會覺得它彷彿不存在於這個世上，給人神聖、神祕的感覺。我想各位或許也有過這樣的經驗。祖先們應該也有過相同的感覺，所以才會有把櫻花視為神的想法。

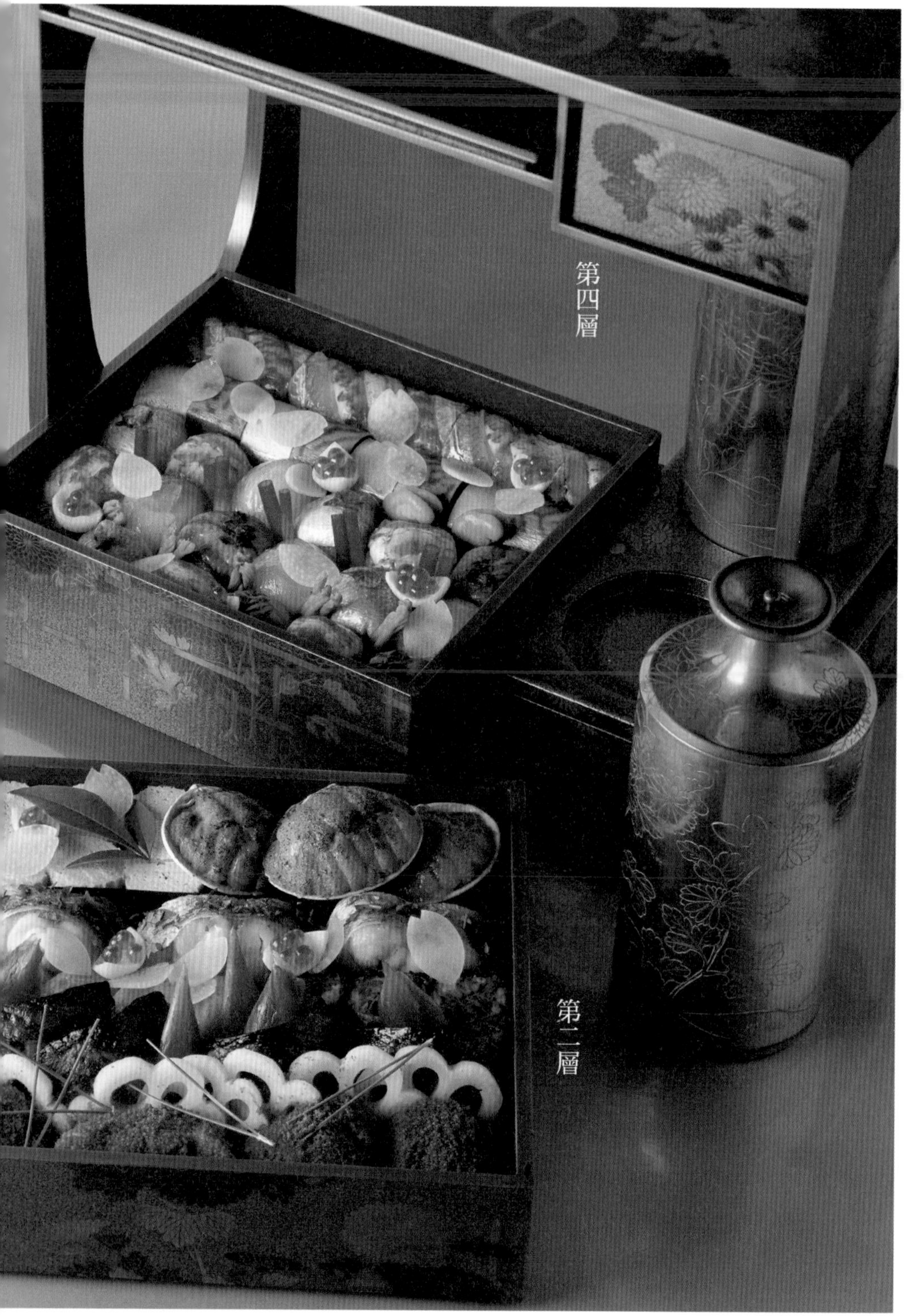
第四層
第二層

春賞櫻、秋賞楓是日本特有的風雅習俗。重箱（木製漆盒）裡裝滿了懷石佳餚。第一層是裝先付（開胃菜）與口取（佐酒菜），第二層是烤物，第三層是炊煮料理，第四層是壽司之類的飯料理。菊紋蒔繪提重／梶　古美術

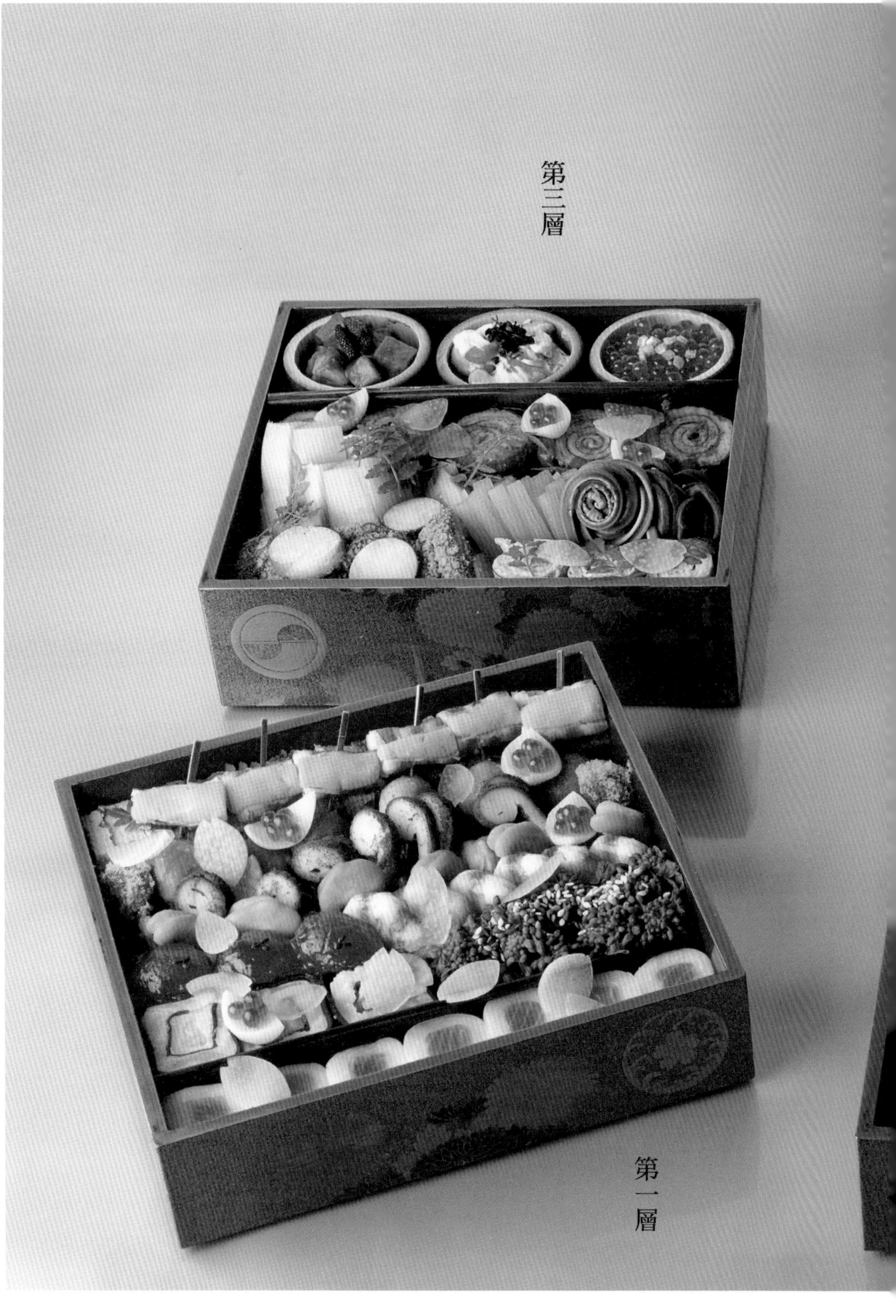

第一層

鯛魚卵落雁＋山椒嫩芽
鴨肝松風燒〈花見串〉
蝦子煎蛋壽司＋
味噌醃酪梨＋燉鮑魚
蕨菜烏賊　蜂斗菜
味噌蛋鬆
蠶豆　味噌醃蛋
煨煮明蝦
龍皮昆布鯛魚卷
芥末拌油菜花＋
熟芝麻粒　鮭魚蘿蔔卷
花瓣形土當歸
花瓣形薑片
花瓣形百合根＋鮭魚卵

第二層

高湯煎蛋卷
海膽烤蛤蜊
馬頭魚山椒嫩芽
蠟燒（塗蛋黃炙烤）
扇貝柱
鰻八幡卷＋山椒嫩芽
醋醃茗荷
櫻鱒味噌幽庵燒（用江戶時代茶人北村祐庵發明的幽庵汁燒烤的料理）
花形藕片
烏魚子粉烤馬頭魚
花瓣形土當歸
花瓣形薑片
花瓣形百合根＋鮭魚卵

第三層

竹筍＋花枝＋土當歸拌山椒嫩芽＋筆頭菜
白拌蠶豆＋紅蓼
鮭魚卵＋柚子
鳴門星鰻　竹筍
鯛魚卵
蕨菜　蜂斗菜　莢果蕨
鳴門豆皮
蛋鬆短爪章魚
山椒嫩芽
花瓣形土當歸
花瓣形百合根＋鮭魚卵

第四層

水針魚＋明蝦＋鴨兒芹
手綱壽司
鯖魚壽司〈手鞠壽司〉
春子魚＋櫻花
水針魚　明蝦
星鰻＋山椒嫩芽
鯛魚　蠶豆　紅薑芽
遼東楤木
花瓣形土當歸
花瓣形薑片
花瓣形百合根＋鮭魚卵

收納四層重箱和酒器、小盤等物的提重。描繪了祝賀長壽的菊花蒔繪（用金、銀粉或色彩在漆器上繪製的紋樣裝飾）和櫻花圖樣，四季皆可使用。

櫻花的日文さくら的「さ」意指田神。古人認為田神從山中降臨田地後，春天就來了。田神降臨前鎮座的樹就是櫻花樹。櫻花綻放是神明下凡的暗號。以前的人會在櫻花樹下吃便當，和左鄰右舍或親戚飲酒作樂，進行娛樂活動都是為了取悅寄宿在櫻花的神靈。對農耕民族的日本人來說，賞花是祈求五穀豐收、全年收成豐足的重要大事。

我對櫻花也有特別的情感。敝店的京都總店的玄關前有三棵山櫻樹。我母親嫁來那年還很小棵，如今已長成覆蓋前庭的大樹。我就是看著櫻花長大的。櫻花的壽命很短。盛開的時期約莫一週，瞬時盛放也瞬間凋零。這種俐落的虛幻很符合日本的美感。敝店的山櫻盛開時會變得白茫茫一片，幾乎遮蔽了天空。數日後，盛開的櫻花紛紛凋零，好似下起櫻花雨，這是我最愛的時刻。櫻花果然還是山櫻美。那股寂寥感用京都話來說，與其說是「低調內斂」應該是「優雅華麗」。

這麼說也許不夠貼切，那種華麗且樸實高雅的美是琳派⑪風格的「絢麗寂寥」。日本喜愛的櫻花成為繪畫或漆器、陶瓷器等各種美術品、工藝品的題材。日本人從家中擺設到餐具都會展現季節感，尤其珍愛只在短時間內使用的物品。那是一種心靈上的奢侈享受，也是強烈感受到季節變化的喜悅。收納便當的提重是江戶時期的物品，菊花蒔繪點綴櫻花圖樣，過去應該經常用於賞花或賞楓

菊乃井在櫻花季供應的名菜「櫻蒸」。將馬頭魚用櫻花葉捲起來炊蒸，打開蓋子就飄出櫻花香。

吧。人們在盛開的櫻花下歡笑的畫面彷彿就在眼前。

裝在重箱的便當有幾項規定。第一層裝先付（開胃菜）或口取（佐酒菜），第二層裝烤物，第三層裝炊煮料理。第四層是裝飯類，賞花的時候通常是壽司，本書是放色彩繽紛的手綱壽司和外形可愛的手鞠壽司。調味也比店內供應的略微濃厚，但比年菜料理淡一些，是適合當日享用的味道。大量使用當季食材，被稱為櫻鯛的時令鯛魚是賞花的象徵，還有燉竹筍、拌山椒嫩芽。打開蓋子時，華麗的菜色使人感受到春天的氣息。撒上處理成花瓣形狀的百合根或土當歸，點綴出浪漫春意，像這樣刻意營造些許情調。

不曾帶便當去賞花的人，今年不妨來趟賞花之旅吧。欣賞神靈寄宿的櫻花，感受日本人才懂的喜悅也是很棒的體驗。

---

⑪桃山時代後期興起活躍至近代的藝術流派。創始人為本阿彌光悅和俵屋宗達，由尾形光琳發展集大成。

粽子與柏餅

端午節是指最初（端）的午日，因此未必是五月五日，但《令義解》（平安時代，淳和天皇下令編撰的律令解說書）中將五月五日訂為節日，所以從這時候起，日本的端午節固定為五月五日。原本是由中國傳入，成為宮中活動後，每到這一天，天皇會駕臨武德殿，進行驅邪、祈求延命的儀式。中世紀之後，宮中的端午節日漸式微，武家和民間卻將其當成男孩節（兒童節）廣為慶祝，如今已是日本人祈求孩子健康長大的節日。在我小時候，每到端午節家裡就會擺放檜木的大將人偶做裝飾。下面的三層台子還會放有鞍的馬或老虎、桃太郎、鍾馗等各式各樣的物品。後方再擺上矢屏風，而且一定會供奉三角紅豆飯糰。那時的我還很悠哉，一副事不關己的樣子。店裡的庭院會豎起鯉魚旗，要是看到的客人說「好氣派的鯉魚旗喔」，店內的女服務生就會回道：「是啊，是我

端午節時，京都店內會擺放大將人偶做裝飾。照片／久間昌史

們小少爺的。」客人也開心地為我慶祝。

在日本說到端午節，就會想到粽子和柏餅。據說柏餅是江戶初期誕生的和菓子，粽子則是中國古代傳來的食物。關於粽子（ちまき，chimaki）的日文語源眾說紛紜，其中一說較有可信度，原本是用白茅（ちがや，chigaya）葉捲起來

村田家會使用三個三方（放供品的木台）各自擺放柏餅、粽子、三角紅豆飯糰和醃黃蘿蔔。
柏餅的歷史要追溯至江戶時代初期，起初是在端午節送粽子，後來變成分送柏餅的風俗。

（まく，maku）的「茅卷」。白茅自古被視為神聖之葉，於是有了用它包裹食物的習慣。接近端午節的時期，京都的菓子鋪也就是饅頭屋會製作粽子。餅菓子屋是做米糰子，上菓子屋是葛粽。柏餅是把上新粉做成的餅包入紅豆餡或白味噌餡，用柏葉包起來。我喜歡白味噌餡雅致的味道，很有京都味。

粽子的由來和中國一段悲傷的故事有關。戰國時代的楚國有位名叫屈原的貴族。憂國憂民的他向楚王提出諫言卻不被接受，被下放到江南。後來楚國敗給秦國，深受打擊的屈原抱著石頭投入汨羅江。那天正是農曆五月五日。人們感念屈原的愛國之心，為了不讓他的屍體遭魚蝦啃食，將裝了米的竹筒投入江中祭祀。然而某日，竹筒的米被惡龍奪取，於是屈原告訴人們，改用惡龍害怕的苦楝樹葉包裹米飯，綁上五色繩。這段傳說據說就是粽子的起源。此外還有一說是，五月五日遭遇海難的高辛氏（中國神話的五帝之一）之子成為水神後，頻頻作亂騷擾民眾，人們便將粽子投入海中鎮慰其亡靈。

在節日活動食用的菓子（點心）不只粽子和柏餅。菓子最初的起源是水果。

茶道宗師千利休的茶會記中記載的菓子幾乎都是樹木的果實或柿乾。在開始輸入砂糖的十六世紀，菓子的種類陸續增加。隨後以京都為中心，出現了菓子鋪。和菓子的設計象徵著季節或大自然、詩歌或故事、祝福的含意等。這是日本人才有的美感，那種細膩的表現，其他國家模仿不來。我覺得和菓子簡直是藝術。京都的菓子鋪大致上分為三種：「上菓子屋」、「饅頭屋」、「餅屋」。像是練切[12]或金團[13]等茶會的菓子是由上菓子屋製作。平常的點心、饅頭等是由饅頭屋製作。餅屋是製作餅菓子（以糯米為原料的和菓子）。京都人依不同的需求至店家挑選，也有各自常去的店。店家都很了解客人的情況，接近節日時會主動詢問：「今年要帶一些嗎？」確實進行源自宮中的活動或節日，這對長久以來住在皇宮所在地的京都人而言是理所當然的事，也是屬於他們的驕傲。

---

⑫將蒸過的糯米粉加砂糖或山藥製成外皮，包入白豆餡的和　子。

⑬將地瓜或栗子加糖煮成泥，放到網篩上按壓成條狀後，用筷子沾黏在紅豆餡。

京都的節日菓子

五月
柏餅
粽子

五月五日端午節的和菓子。

十一月
亥子餅

根據文獻記述，農曆十月的初亥日，宮中會進行進貢御嚴重餅的儀式。用於開爐茶事的和菓子。

九月
著棉

九月九日重陽節的和菓子。用吸收菊花露水的棉花擦拭身體，淨身除穢。

三月
引千切

三月三日上巳節的和菓子。

一月
葩餅

原型是夾了味噌和牛蒡的年糕，以此取代年糕湯給進宮賀年的人。用於裏千家的初釜和菓子。

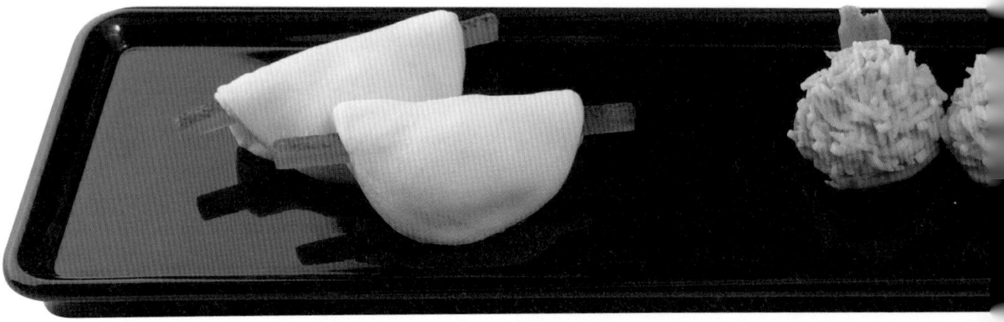

九月
月見糰子

將粳米粉做成小芋頭的形狀，炊蒸後擺上紅豆沙。

六月
水無月

在上半年結尾的六月三十日舉行夏越祓，感謝神明讓自己平安度過一年的一半，祈求下半年無災無難。這天人們會吃仿冰片造型的外郎糕（米粉和糖製成的傳統蒸糕）搭配有驅邪作用的紅豆。

菓子製作／御菓子司　聚洸

青梅

枝上青梅　攀附熟眠　是蛙也（小林一茶）

正好在梅雨時期結出果實的青梅，自古以來就是許多詩歌或俳句的題材。對料理人來說，青梅是夏季的先趨。看到青梅美麗的綠色、飽滿的外形，任誰都會覺得「啊～好想吃一口」，因而被當作季節感的象徵與料理結合。從前說到花，通常是指「梅花」，但現在已變成櫻花。因此，梅花的綻放被視為報春的信息。到了一月儘管有些早，已經開始使用梅子，梅肉是茶懷石的清口湯（箸洗）以及海鰻料理的必備食材，到了夏天更是常用。對日本人而言，梅子是很重要的食材。童年時感冒或食物中毒，都會用烤過的梅子泡番茶喝。每天都要吃一粒。對了，記得我小時候，大概是昭和三〇年代左右，去看連環畫劇的時候，會跟攤販大叔買塗了梅醬的煎餅邊看邊吃。

祝賀的場合也少不了梅子，京都人在元旦會喝熱水裡加醃梅和昆布結的大福茶，訂婚宴最先上桌的也是大福茶，女服務生邊上茶邊說「請開動」。梅子的英文是「plum」。不過，外國人所說的 plum 和日本的梅子還是有些不同。梅子是日本人熟悉且喜愛之物。日本人只要身體不舒服就會吃醃梅，外國人則是喝雞湯，這是國情的差異吧。

平安時代，生病的村上天皇吃過醃梅後恢復健康。鎌倉、室町、戰國時代的武士也開始吃，成為戰爭時的重要保存食品。說到梅，就會想到學問之神菅原道真。他真的很喜歡梅，五歲便創作出詠梅的和歌，絕筆的漢詩也是以梅為題材。

他的住所天神御所的別名是「白梅御殿」，別邸取名為「紅梅御殿」，左遷時對梅詠吟的「東風若吹起，務使庭香乘風來。吾梅縱失主，亦勿忘春日」非常有名。

梅籽也被當作道真的代表，稱為「天神大人」。這麼說來，日俄戰爭時，只吃飯糰和醃梅就能行軍的日本人令俄國人相當驚訝，戰後還研究了醃梅，他

「春海好」的古董巴卡拉水晶缽裡裝入碎冰和白酒煮青梅，撒上紫蘇花穗點綴。稍微噴點水，夏日風情立現。分裝的小缽也是古董巴卡拉水晶。漆器／漆器畠中們好像以為醃梅裡加了能量元素。

以前家家戶戶都會做醃梅，製作醃梅或煮梅、梅酒的工作稱為「梅仕事」。煮梅和梅酒是用青梅，醃梅是用成熟的黃梅。在菊乃井，每到夏天就會製作瓶裝的蜜煮青梅。最近是用白酒做，味道很清爽。後文會介紹作法，請各位務必一試。女人到了梅仕事的時節，總會變得靜不下心。醃梅子，再用梅醋醃薑、辣韮。若要全部做完得花一個月以上的時間。醃梅要曬三天左右（土用干），雨停的晴天，將鹽漬過的梅子放在竹篩內日曬，因適逢梅雨時期，還是很容易下雨，所以不能掉以輕心。我母親常說「晚上都睡不安穩」。醃梅必須曬到表面變乾變皺才行，要是被雨淋濕那可就糟了。我家現在還有當年曾祖母醃漬，祖母出嫁時帶來的醃梅。時光荏苒，轉眼間已過了一五〇年。雖然有點害怕不敢吃，寫這本書的時候我還是試吃了。沒有想像中的鹹，不過很硬。

曾祖母醃漬的醃梅，堪稱村田家的傳家寶。

雖然幾乎吃不到梅肉，仍有些許酸味與醃梅的香氣，一直含在口中吸舔也只留下鮮味。這是歲月造就的滋味吧，不知不覺想起了村田家的祖先。最近在家做醃梅的日本人越來越少，但醃梅和醃漬物是一家的味道。如果可以還是希望大家好好傳承下去。

菊乃井使用的和歌山縣產青梅，大顆飽滿、果肉厚實。圖中是結實纍纍的青梅。
照片提供／和歌山縣

白酒煮青梅

材料

青梅　4個
鹽　適量
深色醬油　適量
白酒　180cc
砂糖　150克

作法

1 將青梅用針戳滿小洞，放進10%的鹽水（水500cc：鹽50克）中浸泡一晚。

2 在銅鍋（讓青梅煮成好看的色澤）內側塗抹深色醬油，靜置約10分鐘。倒入適量的水、放青梅，煮20～30分鐘，但不要煮滾（雖然煮的時候會退色，以小火加熱就會呈現鮮豔的綠色）。變色後撈起泡水。

3 將青梅移入裝了水的鍋子，再次以小火加熱，請留意不要煮爛。約15分鐘後，撈起泡水。放入網篩，蒸掉多餘水分。

4 鍋內倒入360cc的水和50克的砂糖製作糖漿，接著加3的青梅，以小火炊煮7～8分鐘左右，關火放涼。

5 另取一鍋倒入白酒、180cc的水和100克的砂糖，煮溶後放涼。

6 為避免變形，用網篩撈起4的青梅，移入5的鍋中。以小火炊煮約5分鐘，關火放涼。

京都人的喜好

鯛魚

提到鯛魚，就會想到明石（兵庫縣南部的臨海城市）。雖然日本各地都能捕獲鯛魚，但我還是對明石情有獨鍾。為何明石的鯛魚如此美味，理由有二。首先是，明石海峽的豐饒與海流。海底呈現複雜的地形，產生激烈海流，那對鯛魚食物來源的小魚小蝦是很棒的成長環境。尤其是鯛魚最愛的玉筋魚大量棲息在那兒。激烈的海流讓明石鯛魚的肉質緊實，加上營養豐富的食物，所以變得很美味。

右／用今橋炭溪燒製的大盤盛裝鯛魚蓬萊燒。相傳蓬萊山是仙人的住所，以此為名，象徵吉利。有「蓬萊」之名的料理必定會使用五色：綠（青海苔粉）、紅（烏魚粉）、白（鹽烤加白芝麻）、黑（黑芝麻醬）、黃（塗蛋汁燒烤）。綠代表春天、紅為夏、白是秋、黑為冬，黃是中央的蓬萊山。加上水引結與奉書紙成為祝宴的佳餚。

除了大自然的恩惠，還有一個重要的理由。那就是讓明石鯛魚吃起來美味的達人智慧與技術。明石的漁夫是用一本釣（只用一條魚線和魚鉤）釣起鯛魚，比起用漁網捕撈，魚身比較不易受損。而且，鯛魚承受的壓力也不同。鯛魚承受的壓力，這話是什麼意思？經由科學實驗證實，壓力會讓乳酸值上升，使味道變差。利用一本釣小心釣起的鯛魚，被稱為挑手的中盤商從明石送到京都。敝店多年來也是委託信任的中盤商，把貨送到京都甚至東京。活殺鯛魚要在黑暗中進行。趁鯛魚安穩半眠的放鬆狀態下斷筋活殺。

被活殺的鯛魚放置八小時後最美味。因此菊乃井會逆算時間，請對方送來在晚上六點達到最佳品嚐狀態的活殺鯛魚。正因為如此謹慎費心、運用技術，才能吃到美味的鯛魚。這是技術深厚，對技術充滿自信的「明石」行家才做得到。

櫻鯛這名字日本人應該都很喜歡。春天迎接繁殖期的鯛魚，體色變成美麗的粉紅色，就像在櫻花季變成了櫻花色，魚肉也變得美味。而且，因為漁獲量增加使價格降低，一般家庭也比較吃得起。就連平時吝到鯛魚會說：「天啊是鯛魚耶。今天有人生日嗎？還是有什麼喜事？」的節儉京都人也會改口說：「哇啊是鯛魚，今天要吃生魚片還是拿來燉呢？」在廚房聽到這樣的對話就知道春天來了。

五世島田耕園製作的「菊童子」。肚兜上的「吉」取自村田先生的名字「吉弘」。到了四月，菊乃井會將手抱鯛魚的菊童子擺在壁龕旁裝飾。

物盡其用也是鯛魚的優點，魚肉可做生魚片或烤物，魚頭和魚雜可以燉滷。後文將介紹京都菜鯛魚煮筍的作法，請各位務必一試。雖然京都人常被說口味清淡，其實也有很多甜鹹口味的燉菜。鯛魚肉充滿活力、富含鮮味，請搭配大量的當季山椒嫩芽一起享用。

日本人將時令食物分為「爭鮮、當季、惜別」三個階段，各階段約兩週左右。最近看到惜別海鰻令我不禁納悶，「惜別」這兩個字是要用多久，看來缺乏時令觀念的料理人變多了。說到爭鮮，有些人甚至在新年使用竹筍或遼東楤木。日本四季分明，我們享用各季的自然恩惠。當季是指食材有活力、美味、營養價值高。我想重新認識時令是很重要且必要的事。

鯛魚也被當作祭神的供品，京都人尊稱為「御鯛魚」（お鯛さん），足見牠在日本人心中是很特別的存在。

例如，京都人過新年會用帶頭尾的「睨鯛」拜神三天，結束祭拜後再享用。與鯛魚有關的祭禮或風俗各地皆有，遇到值得慶祝的喜事更少不了牠。日本人似乎很早就開始吃鯛魚，在貝塚遺跡發掘出鯛魚骨，《古事記》（日本元明天皇命人編撰的日本古代史，是日本最古老的歷史書籍）和《日本書紀》（日本流傳至今最早的正史）中也有出現鯛魚的記述。鯛魚體色的紅自古以來就是慶賀之色，加上鯛魚的日文「たい」（tai）和可喜可賀「めでたい」（medetai）的發音相近，使其被視為特別的魚。京都人特愛鯛魚。我也很喜歡鯛魚，製作生魚片時，比起其他魚，我總是帶著歡喜的心情處理鯛魚。日本人和鯛魚有著深切強烈的連結。

鯛魚煮筍是京都的家常菜。搭配油菜花，享受當季的美味。

鯛魚煮筍

材料（4～6人份）

鯛魚（約2公斤）的頭　1.5條
竹筍（已水煮）　1根半
高湯　900cc
鹽　5克
淺色醬油　30cc
味醂　10cc
柴魚片　15克
煮汁
- 酒　500cc
- 水　500cc
- 深色醬油　80cc
- 壺底油　20cc
- 砂糖　40克
- 味醂　45cc

油菜花　6枝
醃汁
- 高湯　180cc
- 淺色醬油　7.5cc
- 鹽　1克

山椒嫩芽　20片

作法

1 竹筍清理後切成適口大小。加高湯和調味料，柴魚片用紗布等物包好，擺在上面代替內蓋，炊煮約10～15分鐘，關火放涼。

2 切開鯛魚頭，煮一鍋滾水，放入魚頭，煮至變白立刻撈起泡冷水，去除黏液和血水，擦乾水分。

3 將2的鯛魚頭、煮汁的材料（味醂除外）下鍋加熱。放入用水沾濕的內蓋，以大火煮到煮汁剩下半量。接著加1的竹筍，炊煮至剩下少量的煮汁，邊煮邊用煮汁澆淋竹筍。最後再加味醂即完成。

4 把3盛盤，淋上煮汁。擺上煮過並醃漬調味的油菜花、山椒嫩芽做裝飾。

京都人的喜好
豆腐

豆腐和納豆皆由中國傳入，初到日本時兩者的名稱曾被調換過。豆腐的水分約九〇％，吃豆腐就像在喝水一樣。這麼說來，比起發源地的中國，日本的豆腐應該更好吃。日本的水是軟水，這是柔軟清淡的豆腐不可或缺的材料。一公升的水中所含的鈣和鎂的數值稱為「硬度」，依世界衛生組織（WHO）的基準，硬度一百二十mg／L以下為軟水，一百二十mg／L以上為硬水。

將豆腐裝在人間國寶金重陶陽的尺二（約三十六公分）備前燒大缽。京都的一塊豆腐比東京大。這塊豆腐被稱為「八丁即一丁」（八塊為一塊）。一塊嫩豆腐約四百克的話，這塊多達三公斤，分量十足。

東京地下水的硬度約是六十mg／L的軟水，但我聽說京都賀茂川的源流只有硬度三mg／L左右。可想而知，京都水的味道多麼圓潤柔和。比起東京的豆腐，京都的豆腐就連板豆腐也驚人的柔軟。自江戶時代起，豆腐就被說是京都的名產，此話所言甚是。京都美人應該也是喝了京都水才擁有光滑的肌膚吧。

從最北的北海道到南端的沖繩，日本坐擁世界少見的眾多河川，受惠於豐沛的軟水。這些水與日本料理的成立、思想有著深遠的關係。

常言道：「日本料理是水的料理，中國料理是火的料理，歐洲料理是土的料理。」

如各位所知，中國料理是操作火力創造出來的

左／（由上起，順時鐘方向依序是）京都稱為飛龍頭、東京稱為雁擬的炸豆腐丸子。豆漿、乾燥豆皮、生豆皮，京都的炸豆皮長度是東京的兩倍，約三〇公分。後方是豆皮壽司用的小塊炸豆皮。以前的店家會把豆渣做成球狀販賣。小卷豆皮、一口大小的炸豆腐丸子。油豆腐、大豆。

料理。歐洲是從富含礦物質的土壤栽培作物。而日本料理的根基在於「水」。日本人對水有著獨特的感覺和感情。清澈的水能夠洗淨污穢。這與神道也有關聯。耕田種菜，上山採山菜，下海捕魚。所有食材都是神的恩賜。因此，進行料理前必須用水洗淨。對日本人來說，料理的首要步驟是清洗。日本人的主食米飯也是用乾淨的水種稻，結穀成米後，用水炊煮成美味的飯，高湯也是用水熬煮。我們應該重新思考水的重要與可貴不是嗎？

話說回來，京都人真的吃很多豆腐。不到三天就會吃一次。「演戲不知該演什麼，就演忠臣藏，配菜不知該吃什麼，就喝豆腐湯。」這是以前的人說過的話。我也愛喝豆腐湯，豆腐丁和用葛粉勾芡

的湯。加點薑，冬天喝了就會全身暖呼呼。京都各地至少會有一家豆腐店。家家戶戶都有常去的店，「那家店的豆腐好吃，不過炸豆皮是這家好。但飛龍頭（炸豆腐丸子）還是那家店道地，」像這樣區分得非常清楚。在東京開店後，我最驚訝的是找不到買豆腐和紅豆飯的店家。京都寺院多，京都料理受到素齋很大的影響。因此，豆腐是京都料理必備的食材。至今寺院旁仍有賣嵯峨豆腐或南禪寺豆腐的大型豆腐店喔。

說到豆腐，我就會想起臨濟宗天龍寺派的前管長（日本宗教團體的最高指導者）平田精耕大師。某日平田大師說：「經常受你招待，這次換我招待你。」於是我應邀去拜訪僧堂，享用了湯豆腐。大陶鍋裡滾煮著一大塊豆腐，佐料是用蔥、薑、蘿蔔泥做成的球狀「炸彈」。儘管當時是寒冷的二月，大師仍赤腳快步走向庭院，摘來蜂斗菜放入鍋中，鮮明強烈的春天香氣頓時撲鼻而來。因為聽到大師說：「請吧。」我開口問：「大師有何賜教？」大師回道：「沒有沒有，沒事沒事。」

如今我還是會這麼想，「也許大師是在告誡我，料理不能流於賣弄技巧。」不過，純白四方形的豆腐，只用水和黃豆就能做出來，十分單純。那也是一種宗教哲學的象徵。正因為如此，味道的好壞分明，對料理人來說也是棘手的食材。

海膽嫩豆腐佐山葵凍

「海膽豆腐佐山葵凍」是菊乃井的夏季熱門料理。豆漿加生海膽混拌，凝固後再擺上海膽。

材料（4～6人份）

嫩豆腐　1塊
生海膽　12貫
高湯凍
- 一番高湯　140cc
- 淺色醬油　15cc
- 深色醬油　5cc
- 味醂　20cc
- 柴魚片　一小撮
- 吉利丁粉　1.5克

山葵　4克
紫蘇花穗　適量

作法

1 製作高湯凍。將一番高湯、淺色醬油、深色醬油、味醂倒入鍋中，加熱煮滾後關火。再加柴魚片，放涼後過濾。

2 把1再次下鍋，煮滾後關火，加吉利丁粉拌溶。放進冰箱冷藏凝固後，移入網篩壓爛，再加山葵泥拌合。

3 將切成適口大小的豆腐、生海膽盛盤，淋上山葵凍，放紫蘇花穗做裝飾。

※菊乃井是從豆腐開始製作，本書介紹的是用市售豆腐就能做的簡易食譜。

京都人的喜好
日本茶

相信各位都知道，茶的原產地是中國。漢代的藥物書籍《神農本草經》已有記述，應該是在這時期已經變得廣為人知。日本是在奈良平安時代由遣唐使和留學僧傳入。到了鎌倉時代，臨濟宗的開祖榮西禪師前往宋朝學習禪宗，他在那兒發現飲茶文化盛行，於是寫下《喫茶養生記》。這是日本第一本關於茶的專門書，書中把茶當成藥物，說明其功效。起初只有僧侶和貴族可以喝茶，後來變成武士等統治階級之物。茶湯（茶道）誕生後，到了江戶

五月供應的料理新茶蒸。將茶蕎麥麵用蛋皮捲起來，再捲上馬頭魚肉炊蒸。最後淋上茶高湯。滋味清爽，頗受歡迎。

時期，平民之間也有了飲茶的習慣。從這段漫長的歷史看來，茶對日本人而言是不可或缺的東西。

我從小把茶當水喝。近來連外縣市的人都知道的京番茶是一種有澀味的茶。因為小時候就開始喝，京都人大概覺得自己的血裡有京番茶吧？京番茶是指產自京都南部，用採剩的枝葉為原料，蒸熟後強火烤焙而成的茶。像煮麥茶那樣放入水壺煮，散發出獨特的煙燻焦香。冬天時熱熱喝，炎夏時節冰鎮喝。京都人總是大口暢飲，像在喝水一樣。

日本各地都有茶的盛產地，關西地區是宇治，關東地區是靜岡，九州是知覽（鹿兒島縣）。不過，各位知道嗎？台灣的茶葉產量比靜岡和宇治的總產量還多

左／左上至右依序是，荒茶、柳茶、莖茶、芽茶、煎茶、碾茶、抹茶、冠茶、玉露、焙茶、玄米茶、京番茶。採收下來的茶葉未做發酵處理即為綠茶，這是日本茶的代表。

日本有煎茶道（有別於使用茶粉的抹茶道，這是用茶壺煎煮茶葉的泡茶方式），還有抹茶文化。茶帶給日本人哲學或精神性、花鳥風月等美感的自負，但許多人卻是買瓶裝茶來喝，總覺得有些難過。近年來因為海外的和食風潮，茶也變得受歡迎。和食與日本茶是密不可分的關係。所以，吃了美味的和食就會想喝美味的日本茶。

學校的營養午餐若有供應日本茶，孩子們從小就會熟悉茶的味道，這是很棒的事。無論是日本茶、紅茶或中國茶，茶葉其實都一樣。以各種製法做出各式各樣的日本茶，果然是味覺細膩的日本人才做得到。中國茶或英國人喜愛的紅茶都很重視香氣，相較之下，日本茶注重的是溫醇甘甜的滋味。對於

味道，每個人各有喜好。像我喜歡的是有獨特清爽香氣與甜味，帶有適度苦味的莖茶「雁音」。雖然價錢有點貴。水的溫度也得留意，好比玉露要用溫水才能泡出甜味。此外，配合ＴＰＯ（時間、地點、場合）選用適合的茶也是日本人才有的喝法。

午茶時間喝喜歡的茶，餐後喝爽口的焙茶，特別的日子喝玉露。京都因為茶道盛行，有些人的下午茶是自己泡抹茶喝。就算沒有茶碗或茶勺也沒關係，喝抹茶不需要太拘謹。我認為喝抹茶是很重要的行為。最近推出很多抹茶口味的甜點對吧。也許有些人因此認識抹茶的味道，想試著學習茶道。像這樣讓文化得以傳承也是不錯的事。

關於日本茶

雖然茶都是用山茶科植物的葉子製成，但依加工方法概分為三大類：未發酵的綠茶、半發酵的烏龍茶、全發酵的紅茶。日本茶屬於未發酵的綠茶。依時代的需求或喜好，或是依地方製作出諸多種類。

茶也被用於料理。做成茶粥或茶蕎麥麵，或是用來汆燙海參、去除河魚的腥味。我年輕時遇過把玉露當下酒菜配酒的風雅隱士。泡過的茶葉和小魚乾一起煮也能做成美味的小菜。而且茶的營養豐富，有兒茶素還有維生素，以前曾被當作藥物飲用。日本人愛喝的日本茶，歷經了漫長的歷史。不妨花些時間泡一壺茶，邊喝邊和家人享受團圓的時光。

綠茶的栽培方式有搭遮篷的覆下茶園與沒有遮棚的露天茶園。前者具代表性的種類是澀味淡帶鮮味的玉露、碾茶以及用石臼碾磨的抹茶、遮光期間比玉露短的冠茶。

另一方面，露天栽培的種類中有日本人最熟悉的煎茶、滋味樸素的荒茶以及同樣是荒茶的柳茶（亦稱川柳）、只揀選玉露或煎茶莖的莖茶、只揀選芽的芽茶。此外，還有在煎茶裡加糙米的糙米茶或焙茶、有特殊燻香的京番茶等。

協助／祇園辻利

茶香小魚乾

材料

回沖數次的茶葉
（玉露、煎茶等）　100 克
小魚乾　12 克
酒　160cc
深色醬油　1 大匙多一點
味醂　1 大匙
砂糖　少許

作法

茶葉和小魚乾下鍋加少許油（材料分量外）輕炒。炒到均勻裹油後，加酒、深色醬油、味醂、砂糖拌炒至湯汁收乾。

祇園祭

祇園祭是日本三大祭典之一，也是日本的重要無形民俗文化財產、聯合國教科文組織的無形文化遺產。七月十七日的山鉾（神明乘坐的山車和鉾車的總稱）巡行與前一晚觀賞山車或鉾車的宵山相當有名，不過祭典是從七月一日開始，持續到月底才結束。到了七月，山鉾町的人開始練習囃子（祭典音樂），十日左右開始立山鉾，處處瀰漫著祭典的氣氛，我也跟著興奮起來。平成二六（二〇一四）年，復辦了睽違近半世紀的後祭，祭典恢復原本的形式。祇園祭源於祈求消除疫病的祇園御靈會。貞觀十一（八六九）年瘟疫肆虐，當時為了鎮壓疫情，豎立象徵六十六個令制國（日本古代依律令制所設的地方行政區畫）的六十六根鉾，抬神轎進行祈願儀式。所以，祇園祭原是祇園神社（八坂神社）的祭神儀式。到了中世紀，町民有了權力與財力後，發展出山鉾風流的文化。

這是現在山鉾町舉辦巡行的起源。因此祇園祭是祭神儀式，也是町民的祭典，是外地沒有的特殊活動。

雖然我住的地區不是山鉾町，一定會參加祇園神社十日的迎提燈（迎接神轎的提燈隊伍，從八坂神社繞行至寺町通）和神輿洗式（點燃火炬，將神轎抬至四条大橋清洗）。迎提燈隊伍的人身穿裃與袴。京都的男性至今仍會穿裃與袴。遊行的同時，孩子們跳著鷺舞，那模樣十分可愛。我也會參加七月二十四日的花傘巡行，直到安置在御旅所（臨時目的地或中途休息點）的神轎回到祇

將海鰻壽司和鯖魚壽司盛裝在「春海好」的巴卡拉水晶義山缽裡。
青竹水珠散發的涼意與美麗雕花的玻璃容器完美襯托了料理。
明治末期因日本人的訂購而誕生的「春海好」，非常適合日本的夏天。

園神社的還幸祭，總算才有今年祇園祭也順利結束了的感覺。

祇園祭的別名是「海鰻祭」，祭典期間會吃許多海鰻，有清燙海鰻（在京都說到清燙就是清燙海鰻）、照燒海鰻、海鰻壽司等。在這個時期，各家料理店的煮物碗都是牡丹海鰻清湯（燙過的海鰻肉形似牡丹）。佐料是青柚子，十足清新的夏季風味。海鰻的生命力旺盛，從明石或瀨戶內一帶徹夜運來還是很有活力。從前，京都的夏天只吃得到海鰻之類的海魚，被視為珍貴的食材。以前的人為了感恩身體健康，祈求無病無災，好像都會吃珍貴的海鰻。贈送海鰻壽司或鯖魚壽司給親戚、鄰居或是幫助過自己的人。對了，雖然祇園祭是吃海鰻，其他地方，例如長崎的宮日祭是吃東海鱸。祭典與和食有著緊密的聯繫。祇園祭會吃鯖魚壽司或鯖魚。京都的祭典始於四月的安樂祭，十月的時代祭是尾聲。鯖魚壽司是京都祭典的必備品，不只祇園祭，只要有祭典就會做鯖魚壽司來吃。

在日本，神與食物有著深切的關聯，人類因神而生，人類享用神明的恩賜，這是一種基本觀念。儘管現在的直會（神社舉辦的祭祀結束後，參與者一起共

繪有長刀鉾的風雅祇園祭掛軸。裱裝的布是祇園祭圖樣的浴衣布。

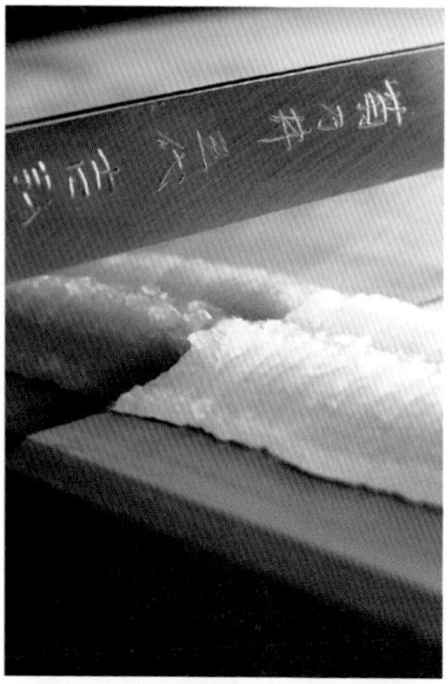

明石至瀨戶內的海鰻最頂級。切斷硬骨時，拿捏力道不切到皮。村田先生使用的刀刻有他的名字。

村田先生說切斷海鰻的骨頭時，節奏感很重要。每一刀會發出俐落的沙、沙聲。

食供品的儀式）變得像是祭神儀式結束後的宴會，但原本也是構成祭神儀式的一環。

分享神吃過的供品，加強與神的連結，藉此獲得神力的庇護。神賜的食物，光是這樣已經很棒。因此，從神獲得的食材盡可能不做過多處理。我想這就是所謂的西洋料理是加法料理，日本料理是減法料理吧。

祇園祭正式宣告夏天的到來。「好熱喔」成了人們見面問候的招呼語，天氣越是熱得難受越能感受到祇園祭的氣氛。祇園祭之前，座敷（鋪榻榻米的房間）會鋪上網代（以薄竹片編成之物）變成夏季座敷，紙拉門換成蘆葦拉門，吊掛簾子，坐墊也換成夏季坐墊。如果是六月一日的換季更衣日還太早，六月中旬左右是最適當的時機。配合季節改變陳設，這是與自然共生的日本人的生活智慧。進而從中發覺美、故事、思想或哲學。順應季節過日子是愛季節的行為，這也許是身為日本人的趣味。我也來擺盆射干花、掛長刀鉾的掛軸，迎接祇園祭的來臨。

鯖魚壽司

材料（2條）

鹽漬鯖魚（600克）　1條
（切三片，抹鹽醃漬後靜置兩小時，用水清洗）

醃漬醋
- 醋　450cc
- 砂糖　60克
- 淺色醬油　65cc
- （混合備用）

白板昆布　2片

甜醋
- 水　100cc
- 醋　35cc
- 砂糖　20克
- （混合後加熱，待砂糖溶解後，關火放涼）

壽司飯
- 米　2杯
- 水　360cc
- 昆布（2公分見方）　1片

壽司醋
- 醋　60cc
- 砂糖　45克
- 鹽　12克

（倒入鍋中加熱，待砂糖、鹽溶解後，關火放涼）

作法

1. 鯖魚去骨，用醃漬醋浸泡40分鐘～1小時。擦乾水分，剝掉薄皮。
2. 將白板昆布放進加了少許醋（材料分量外）的熱水中汆燙，撈起後用甜醋醃兩小時。
3. 製作壽司飯。昆布加米煮成略硬的飯，移入噴了水的木桶，淋上加熱的壽司醋，邊搧風邊切拌。
4. 把1的鯖魚切成均等的厚度。在壽司捲簾上鋪保鮮膜，鯖魚的皮朝下放，再擺上兩等分的壽司飯，塑整成棒狀後捲起來。在魚皮上放2的白板昆布使其入味。以相同作法再做一捲。
5. 分切成適口大小。

千日詣

京都有很多人住在木造房屋。至今在祇園町或上京區西陣織職人居住的一帶仍保有長屋（大雜院）。所以，京都人很怕發生火災。天明大火（京都史上最大規模的火災，京都市街幾乎化為灰燼）是應仁之亂（室町幕府第八代將軍足利義政在任時的一次內亂）以來的大火災，京都人代代流傳那段可怕的往事。也許是因為前人的殷殷叮囑，除了敝店這樣的料理店，一般家庭的廚房多半都有貼「阿多古祀符 火迺要慎」的符札。這是嵯峨愛宕町愛宕神社的神符。愛宕神社供奉防火的火伏神「迦遇槌命」，日本全國約有九百間愛宕神社，這兒是總本宮。京都人以敬愛之心稱呼其為「愛宕さん」（san）。根據記紀（日本歷史書籍《古事記》和《日本書紀》的總稱）神話記載，迦遇槌命是伊邪那岐命和伊邪那美命所生的火神。愛宕神社有個名為「千日詣」的祭神儀式，又稱千

火令人畏懼卻又被當作神，也是文明的象徵。只有人類懂得用火，使用火做料理。前文也曾提到，日本人認為所有食物都是神的恩賜。收成的作物要先用水清洗。食材是神賜的完美之物，先剝除保護完美之物的外皮。因此，日本人就連可以吃的皮也會剝掉。

日參，從七月三十一日的晚上到八月一日的早上，登上御神體的愛宕山進行參拜就能獲得千日的保佑。來自全國各地的參拜者也會為無法前來的親戚鄰居求神符。愛宕神社也有許多「講社」，敝店也和三十家左右的料理店一起加入。大家輪流巡視神社，每日點火祭拜。

東京赤坂店的廚房裡除了愛宕神社的護符，還有富岡鐵齋（明治至大正年間的文人畫家）的「火用慎」。

剝了皮之後，會出現辣或苦澀味。這還不是原本的味道。用火煮、烤、炙燒……，這些是讓食材發揮原味的烹調方式。我認為能夠拯救人類的食材是米和大豆。米可以攝取蛋白質和醣類。因為能夠連續耕作，比起小麥，救活的人更多。大豆含有酶抑制劑，如果生吃會導致腹痛。加熱處理後就變成可以吃的食物，所以只有懂得用火的人類能吃。

烹調方式當中，日本人對「直火炙燒」有著特殊的情感。日本人認為在特

七月三十一日晚上舉行的夕御饌祭。山伏（修驗道的修行者）進行護摩火祭的場景。
照片／竹下光士（ainoa）

定季節必須吃某種特定食物才不會生病。春天是竹筍，夏天是香魚，秋是松茸。

日本國土的七成左右是山，山中遍布大大小小的諸多河川。因此，日本人自古以來珍惜愛護伴隨季節而來的山河恩惠。特別是香魚，魚腹中的苔香是左右味道的關鍵。所以就算只是用鹽，相同地區的鹽才對味，用國外的鹽烤出來的香魚就是不對味。菊乃井的鹽烤香魚，最理想的吃法是三口吃完。如前文所述，香魚是品嚐內臟的魚，絕對不能烤過頭。控制火候細心燒烤，讓脂肪留在魚頭內。烤至魚頭酥脆、內臟柔軟、尾部似魚乾的狀態，要讓客人享受到三種不同的口感。大小也很重要，比手掌大的尺寸吃了不會膩。吃河魚必須從頭到尾帶骨吃。而且要用炭火烤。

炭火具備遠紅外線與近紅外線兩種效果，紅外線的輻射熱會快速均勻烘烤表面，使食材硬化，封住內部的鮮味。期盼往後能夠開發出控火效果、炭火效果更進化的瓦斯爐。

用備長炭鹽烤當季的香魚。炭火的優點是具備遠紅外線、近紅外線兩種效果。烤酥表面，封住鮮味，內部也能快速烤熟。炙烤時發出的聲音，撲鼻而來的燻香也是絕佳享受。

用烤過的香魚頭尾熬煮高湯，讓香魚麵線的滋味鮮香絕妙。很適合在炎熱的天氣品嚐。
碗、托盤／漆器畠中

香魚麵線

材料（4人份）

香魚　4條
水蓼葉　適量
薑　適量
麵線　200克
高湯　1200cc
淺色醬油　50cc
鹽　10克
味醂　5cc

作法

1 製作蓼粉。水蓼葉微波（600W）加熱3～4分鐘，取出後靜置乾燥，用食物調理機磨成粉。

2 香魚切去頭尾，兩面均勻抹鹽（材料分量外）烤至焦黃。頭尾另外烤。

3 把烤過的頭尾放入高湯，滾煮約5分鐘。過濾後加調味料。

4 將煮過的麵線和烤好的香魚肉盛入碗內。舀入加熱過的3，撒上蓼粉、放些薑絲做裝飾。

精靈

聽到「精靈」，外地人可能會想：「那是啥？」這是京都人對祖先靈魂的稱呼。迎接亡靈的活動稱為「盂蘭盆會」。原本是根據釋迦牟尼佛的弟子目連在七月十五日以供品救回落入餓鬼道的母親的《盂蘭盆經》之教義所舉辦的法會，後來變成供養祖靈的活動。京都人非常重視祖先。我家也是每逢祖父母、父親的月命日就會帶花和樒葉去掃墓，還會請和尚誦經。家家戶戶都有各自進行盂蘭盆會的作法。這個部分說起來有點長，日後有機會再為各位說明。

八月十一日前，到六道珍皇寺迎接亡靈。入寺後敲響迎鐘，向寺方購買寫上祖先名字的板塔婆，澆水後進行祭拜。時值炎夏，小時候我常跟著去，期待回程大人買給我吃的西瓜冰。接著，再去我家的菩提寺（埋葬祖先遺骨之寺）本能寺迎接祖先。一般家庭的盂蘭盆會是從十三日到十六日，敝店的創始者、我祖父的命日是十一日，基本上都是從這天辦到十五日。那段期間每天都要備膳祭拜精靈，當然是準備素齋。像是後文介紹的能平汁或燉荒布（褐藻類海藻）、燉素菜，高湯也是用素料熬煮。雖然味道清淡，卻能充分品嚐食材的原味，相當不錯。荒布也是逢八就會做的家常菜，京都人常吃。盂蘭盆會的最後一天，有些人家會用「追出荒布」祭拜，將煮荒布的湯汁撒在門口，據說這麼做精靈就會離開。對了，最後一天也會用土產糰子祭拜。這是用白玉粉做成的扭結形糰子，有白色和褐色，我家是用白色。據前人所言，祖先會坐在糰子上離開。盂蘭盆會的第一天也會用迎靈糰子祭拜，那是用白玉粉做成的圓形糰子。不管是哪一種，我總是很期待祭拜結束後可以吃。十六日是京都有名的大文字五山送火，以此為盂蘭盆會畫下句點。盂蘭盆會對大人來說是緬懷祖先、思念家人的重要日子，對小孩而言是在暑假裡可以見到親戚的叔叔阿姨、表親的歡樂活動。

蓮葉上放菊南瓜、茄子、冬瓜、蓮藕、京都四季豆、小芋頭、糯米椒的素菜料理。彷佛朝露灑落，使人想起夏天。京都人在盂蘭盆節期間會把蔬菜水果放在蓮葉上供於佛壇。八月十五日的早上，把用蓮葉包覆的白蒸（沒有任何配料的糯米飯）供在佛壇。

八月的茶室擺設。天龍寺平田精耕大師的達磨掛軸，以及蓮花、酸漿的香合（放香木或煉香的小型容器）。

素高湯的材料有（後起）大豆、葫蘆乾、昆布、乾香菇。使用的材料、搭配比例依料理而異。

能平汁（前）與燉荒布是精靈膳的必備料理。每個月逢八之日（八日、十八日、二十八日），村田家都會吃荒布。

日本人自然而然地崇敬祖先。法會也是從初七日（頭七）辦到三三回忌（死後滿三二年），有些地方甚至會辦五〇回忌。以前的人認為祖先隨時都在身邊。

日本曹洞宗開祖「道元禪師」被稱為精進始祖。其著作《典座教訓》中詳細記述精進的精神。日本的素齋（精進料理）是由寺院飲食發展出來。不只禁食獸肉、海鮮，更強調粗茶淡飯的概念，約八百年前被定義為蔬食料理。如何將大自然恩惠的食材變得美味，而且毫不浪費全部吃完，人們絞盡腦汁，促成烹調方式的進步。十二世紀，榮西禪師與道元禪師入宋，將中國禪宗傳入日本，之後也帶回禪僧的飲食文化。那對日本料理的發展也有莫大的貢獻。豆腐、豆皮增加了料理的變化，日本料理的基礎「高湯」也從此時開始進化。特別是「煮」這個調理法促進了素齋的發展，這麼說一點也不為過。此外，京都料理也受到素齋很大的影響。吃是獲得生命。既然奪取了生命，就不能有任何一絲浪費。日本人都能自然記取禪的想法。自己吞食了生命，吃東西時也要心懷感激細細品嚐。

能平汁

材料（4～6人份）

蘿蔔　1/6根
胡蘿蔔　1/4根
炸豆皮　1/2片
葫蘆乾（10公分）
8條
早煮昆布（10公分）　8條
蒟蒻　1/6塊
乾香菇　6朵
小芋頭　8個
京都四季豆　4根
素高湯
（水加昆布、乾香菇、炒過的大豆浸泡半天後，加熱熬煮高湯）
1L
淺色醬油　25cc
鹽　1小匙
太白粉水　適量
薑泥　兩指節的量

作法

1 用菜刀在蒟蒻的兩面劃出格紋，切成2×3公分×5公釐，水煮後撈起。

2 小芋頭用菜刀刮掉外皮，對半切開。炸豆皮切成4×1公分的條狀。葫蘆乾用鹽（材料分量外）搓揉，換水數次泡軟。擠乾水分後打結。早煮昆布也用水泡軟、打結。蘿蔔、胡蘿蔔切成5公釐厚的扇形片狀。熬素高湯的香菇對半切開。京都四季豆切成3公分長。

3 將素高湯、根莖蔬菜類（蘿蔔、胡蘿蔔、小芋頭）、蒟蒻、葫蘆乾結、昆布結、炸豆皮、香菇下鍋，煮至根莖蔬菜類變軟後，加淺色醬油、鹽調味。再加京都四季豆，煮滾後關火，倒入太白粉水再次煮滾，使湯汁變稠。盛入碗內，擺上薑泥。

藪入　返鄉省親

日文有個詞彙「仕著」（お仕着せ，oshikise）給人一種拘束、被強迫的感覺，意思是照例給的東西，不過原意其實有些不同。仕著又寫作四季施，意指商家主人依季節給家僕衣物。標題的藪入是指在盂蘭盆節和正月（小正月）讓家僕返鄉探親。這時候主人會給家僕新的衣物。正確來說，這相當於農曆的一月和七月十六日，七月亦稱「後藪入」。一月十五日是小正月（元宵），七月十五日是盂蘭盆節，各自的隔天就是藪入。這是為了讓家僕可以回老家參與活動。如今很少有商家會因為藪入讓員工返鄉。我想現在幾乎沒什麼人知道藪入吧。但我母親說「這是以前就有的習慣」，所以京都的總店還是照常那麼做。藪入當天，我母親會把員工一一找來，邊說：「我覺得很適合你就挑了這件，穿穿看吧。」邊送給他們 POLO 衫或襯衫。這就是前文所說的仕著。

即使我說「現在的年輕人不會喜歡啦」，我母親依然抱持著「別人家把孩子寄在我們這邊，當然要好好照顧」的想法。員工們也都會回送伴手禮給我母親。我原以為那是員工之間彼此交代必須回禮才行，實則不然。不管多年輕的員工都是主動送禮。看來員工們和我母親心靈相通。我母親和老闆娘比我更了解員工的事。

我會教導員工料理方面的事，而我母親會教導他們風俗習慣、禮儀規矩這些做人方面的事。記得有一次，出身瀨戶內地區的員工帶了伴手禮來。盒子外有懸紙（包裹禮品的白紙），上面寫著海帶芽、蝦米，還有結切水引的禮簽。我母親立刻找來那名員工告訴他：「謝謝你特地送來這份禮物，不過結切水引是希望只有一次的好事才會用的喔。懸紙上要寫著粗品（薄禮）或土產（伴手禮）喔。你要好好記住，免得將來出社會讓自己出糗。」另外像是，不能站著推開紙拉門，推開紙拉門後不能踩踏敷居（門檻），不能踩到榻榻米的邊緣等等。有些年輕的員工會因為緊張而絆倒。我母親也會指示員工餐的菜色。年輕的員工每天都會去問她：「今天要做什麼？」「中午已經吃過炒的料理，晚上就燉魚吧。吃太多油對身體不好，」交代完又接著說：「你臉色看起來不太好，還好吧？」或是，「有人送我蛋糕。來喝杯咖啡吧，別跟你師傅說。」像這樣保持互動。員工不好向我開口的事都會找我母親商量。

這樣的主雇關係對料理店來說是非常重要的事，因為做料理無法獨自完成，必須靠團隊合作。

員工們各自帶來故鄉的伴手禮。出身瀨戶內地區的員工準備了小魚乾和葫蘆乾等乾貨。

藪入正好也是盂蘭盆節。
這段時期常吃昆布、葫蘆乾、香菇等素燉菜。
慢火細燉，使其入味。盛裝的容器是桃山時代（一五七三～一六〇三）的黑織部沓形缽。

負責調理的人分為煮方與烤方，還有負責盛盤的人和上菜的人，以及迎接客人的人、整理房間的人。每個人負責的工作不同，如果大家沒有同心協力，無法提供客人完美的款待。菊乃井的創始者我的祖父經常這麼說：「人和物品都不能用完就丟。」以前的經營者會覺得既是有緣來到我店裡的人，我就要照顧對方一輩子。

離開菊乃井的員工也不少，通常是自己開料理店，也有轉做義大利料理或壽司店、烏龍麵店的人，我們也會為員工尋找出路。說到東西用完就丟這件事，「材料要買最好的，從頭到尾都要用完，不要扔掉」，這是我祖父的教誨。物盡其用讓食材也能安息是精進的想法。本書為各位介紹的是素燉菜。活用耐久存的乾貨是京都料理的傳統。用昆布和葫蘆乾做成的昆布卷是料理店的絕活喔。

素燉菜

昆布卷

材料

早煮昆布（乾燥）　45 克
葫蘆乾　適量
鹽　少許
酒　550cc
砂糖　15 克
深色醬油　15cc
味醂　5cc

作法

1 昆布用酒加等量的水浸泡20分鐘，泡完後酒水留下備用。調理碗內倒少量的水和鹽，放入葫蘆乾搓揉，倒掉鹽水。重新加水搓揉、倒水，重複數次直到洗淨，對半縱切。

2 把泡軟的昆布從邊端捲起，用葫蘆乾在兩處打結。放進大小剛好的鍋子擺好。

3 倒入1的酒水，放內蓋、加重石（避免昆布浮起），以大火加熱。煮滾後轉中火，炊煮約20～25分鐘。待昆布變軟後加砂糖，5～6分鐘後拿掉重石，加深色醬油和味醂。再放內蓋，炊煮約10分鐘。

4 等到煮汁變少後，拿掉內蓋，轉中小火。邊煮邊用煮汁澆淋昆布，煮至煮汁幾乎收乾。切成適當大小，盛入容器。

滷香菇

材料（4人份）

乾香菇　20克
（用500cc的水漬泡一晚）
調味料
泡香菇的水　200cc
高湯　200cc
酒　30cc
深色醬油　20cc
味醂　5cc
砂糖　3克

作法

1 香菇泡水回軟，切掉硬蒂。
2 下鍋，倒入調味料，放內蓋，以中火炊煮至煮汁變少。煮好後切掉菇軸。

葫蘆乾鱉甲煮⑭

材料（4人份）

葫蘆乾　40克
鹽　適量
調味料
高湯　600cc
深色醬油　55cc
砂糖　10克
味醂　20cc

作法

1 調理碗內倒少量的水和鹽，放入葫蘆乾搓揉，倒掉鹽水。重新加水搓揉、倒水，重複數次直到洗淨。
2 把葫蘆乾放進加了少許鹽的熱水、放內蓋，煮到變軟後，撈起泡水。
3 葫蘆乾擠乾水分後下鍋，倒入調味料，煮滾後放內蓋，以中火炊煮約15分鐘（過程中拿掉內蓋，煮至煮汁收乾）。切成適當大小，盛入容器。

⑭用砂糖、醬油等調味，煮至顏色變深的燉菜。因為顏色似鱉甲，故得此名。

重陽

白露是二十四節氣之一。每年九月九日重陽節的前一天或前兩天左右就是菊乃井新店開幕的日子，這是敝店的慣例。露庵菊乃井和赤坂分店都是如此。重陽節也是菊花節，對菊乃井來說是非常重要的日子。

前文也曾提到，日本五大節的三月三日（桃花節、女兒節）、五月五日（端午節）、七月七日（七夕）、九月九日（重陽節），一月一日除外，一月七日（人日）是由中國曆法而來。在中國的陰陽思想中，奇數屬陽為吉，偶數屬陰為凶。陽數重疊就變成陰。因此，陽數最大的九重疊而成的九月九日是極大的陰，反而成了不好的日子，為了消除陰氣，於是進行驅邪祈求長壽的活動。

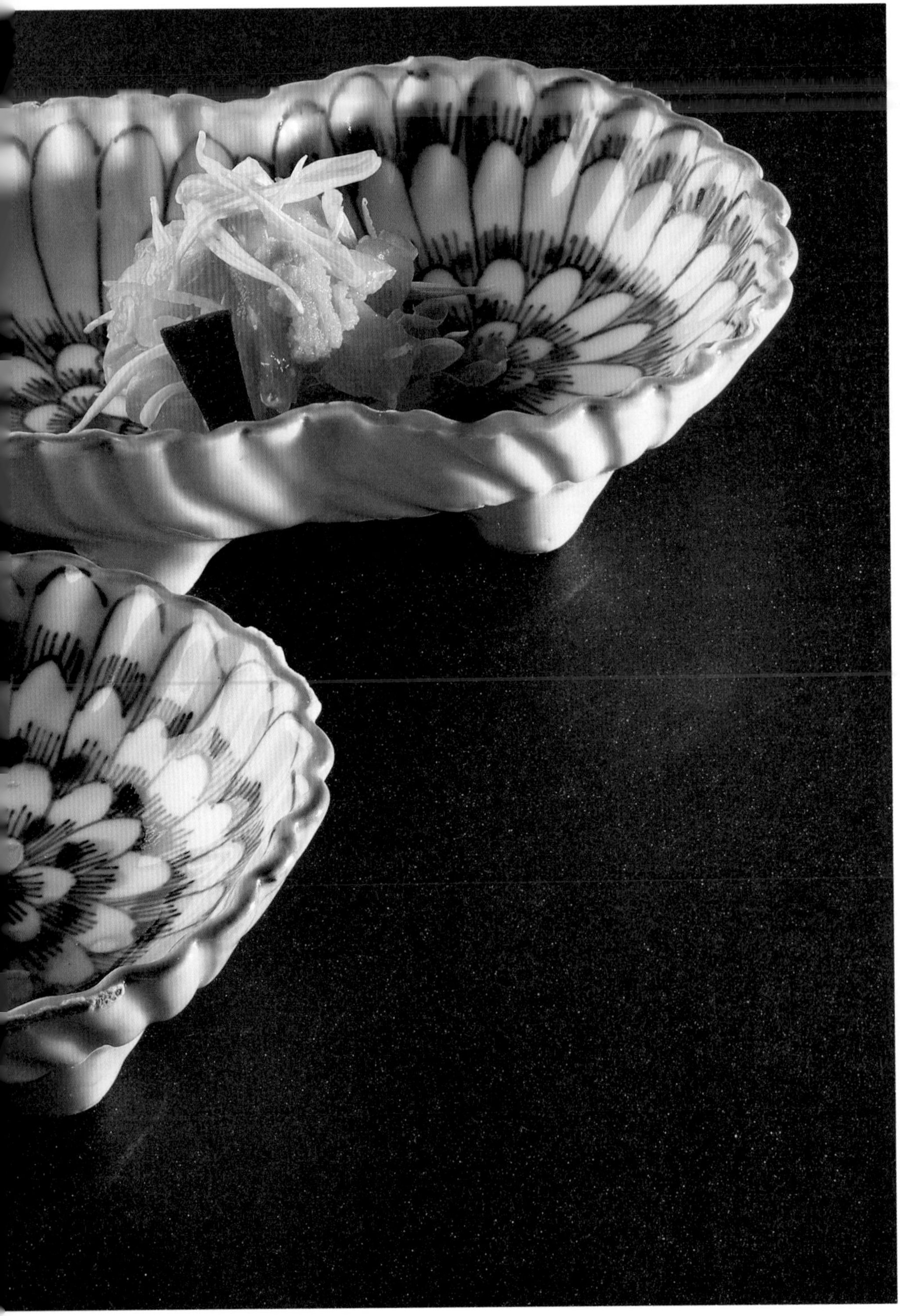

杉盛（堆高隆起，有如杉樹的盛裝方式）的馬頭魚細作（切成細條狀）生魚片。撒上菊花瓣，旁邊放水前寺海苔和山葵。
容器是古青花瓷菊小缽。
兩朵菊花重疊的時尚器形，華麗之中卻感受到些許孤寂。器／梶古美術

據說這個來自中國的思想先傳入了宮中，結合日本原有的風俗習慣與四季成為五大節。農曆九月九日也是農作物的收成時期，慶祝收成加上祈求長壽的風俗習慣，成了重陽節的活動。說到重陽節的活動，首先會想到著棉。這是指在重陽節的前一天，將棉花放在菊花上，隔天早上用吸收露水的棉花擦拭身體，祈求健康長壽。此外，還會喝放了菊花瓣的酒、用菊花做裝飾等等。雖然現在已經很少日本人會過重陽節，直到江戶時代，這是五大節的最後一個節日，總是被盛大慶祝。

在此想和各位聊聊敝店店名「菊乃井」的由來。我家的祖先曾是跟隨北政所（又稱高台院，豐臣秀吉的正室「寧寧」）從大阪城進入高台寺的茶坊主（負責茶會、接待客人等大小雜務的職稱）。後來，到了我祖父那一代，開始看守「菊水井」。菊水井位於下河原，現在由我的表親看守，以前那一帶應該是高台寺的領地吧。據說這個水是京都東山名水之中位階最高的正五位。從井的正上方往下看，猶如看到菊乃井的店徽。順帶一提，京都有兩口菊水井，另一口井在

展示架上掛著有職雲上流的山茱萸囊。相傳中國古人在重陽節爬山登高時，臂上會佩帶插著茱萸的布袋（茱萸囊）。

九月九日，京都的市比賣神社會提供加了菊花的菊酒，供奉著棉菊。照片／中田昭〈ainoa〉

祇園祭的菊水鉾町。

過去我祖父每天用菊水井的水做料理。即使到了我父親和我這一代也都是汲井水做料理。祖父總是叮嚀我們：「沒有用這個水的話，就不算是菊乃井的料理。水是菊乃井料理的基本。」現在敝店的腹地內挖了一八〇公尺的井，從那兒抽水，讓京都店和東京店都能使用。進行水質檢查後，發現和菊水井的水完全相同。因此，我可以保證敝店使用的水和我祖父那時用的水從未改變。對了，我祖父和我父親掌店的時期，九月九日重陽節那天都會邀請客人來參加觀菊宴。東晉詩人陶淵明有這麼一句「採菊東籬下，悠然見南山」（在東邊的籬笆下採菊花，悠然欣見南山〈廬山〉的美景）。當天會掛上這個詩句的掛軸，把菊乃井當成東籬，望南山飲菊酒。還會找來菊水鉾町的樂隊，盛大慶祝一番。重陽節正是換季時節，舉辦觀菊宴也是希望如果有客人因為夏天累積的疲勞造成身體不適的話，喝了菊水井的水或菊酒能夠恢復健康。敝店配合店名菊乃井，全年使用菊花設計的器皿或道具。

所以除了器皿，也有許多菊花元素的物品，如掛軸或屏風。我父親曾說：「菊花很庸俗，我不太喜歡。」的確，大朵盛放的菊花和料理店或菜式的趣旨似乎不太搭，但野菊虛幻、楚楚可憐的模樣，感覺很不錯。本書用邊緣剝釉彷彿蟲蝕，略帶寂寥風情的古青花瓷盛裝馬頭魚拌菊花。看到這道菜，是不是也想來杯菊花酒呢？

馬頭魚拌菊花

材料（4人份）

馬頭魚肉片　200克
鹽　1克
酒　適量
昆布（20公分見方）　2片
醋　少許
菊花　1朵
黃柚子皮　1/5個的量
水前寺海苔　適量
山葵　適量
高湯醬油　1人份10cc
（深色醬油2：高湯1：柑橘汁0.5）

作法

1 馬頭魚肉片切成長5公分、6～7公釐的棒狀。

2 抹鹽後靜置1小時，用泡酒回軟的昆布包住，靜置約一小時。

3 將2的魚肉片放入調理碗，加醋、菊花瓣、柚皮絲大略混拌。盛器，旁邊放山葵泥和用水泡軟、切成條狀的水前寺海苔。淋上高湯醬油享用。

菜式、米飯與燉菜

米飯是主食

十一月二十三日是日本的勤勞感謝日，原本是宮中活動的新嘗祭。十一月出現兩次卯日時，是在下卯舉行，若是三次便在中卯舉行。這是飛鳥時代之後持續舉行的重要活動，天皇陛下慶祝該年稻穀豐收，將新穀獻給神明，並且親自品嚐。這與隔天舉行的豐明節會同為秋季具代表性的宮廷儀式。接著是二十四日的「和食之日」，希望國民藉由這個日子重新認識和食文化的重要性。

特別是大力推廣當天學校的營養午餐要用在地

右／使用當季食材做成的炊飯，有別於白飯的滋味，相當特別。盡情享受秋天的美味。秋季炊飯（由左起，順時鐘方向依序是）、零餘子（山藥豆）飯、栗子飯、什錦炊飯、綜合菇飯、銀杏飯。飯碗也是選用帶有秋意的樣式。
裝零餘子（山藥豆）飯、蕈菇飯、銀杏飯的碗／梶　古美術

採收的作物製作和食的運動。米飯配味噌湯和魚、蔬菜。儘管飲食教育不易推行，平常在吃的米飯就已足夠。自己居住的地區能夠採收到哪些作物，做成怎樣的料理。我認為讓孩子們知道這些是很重要的事。

日本是從繩文時代開始種稻米。記紀神話中記載的天孫降臨提到，天照大神在其孫火瓊瓊杵尊（日本第一代天皇神武天皇的曾祖父）降臨大地時，給予稻穗並告訴他「用這個為人民種出稻米」。火瓊瓊杵尊的日文是ホノニニギノミコト（hononini克inomikoto），ホ是稻穗、ニニギ是盛大。也就是說火瓊瓊杵尊是稻穀豐收的神。以前的人認為米是天照大神的恩賜，每年秋天收成時都會獻上感謝。

另外，稻米原是指「命根」之意。稻米的原產地是中國長江流域一帶，向西傳播的品種是長粒種秈稻（在來米），向東傳播的品種是在日本耕植的短粒種粳稻。起初傳入九州的稻作，很快地普及至青森縣北部。由於稻米能夠連續耕作，相同面積可養活的人數較多，效率相當好。米要用水炊煮，日本的水是軟水，水質的好壞也是影響稻米食味的要素。米和水可以釀酒，米發酵生成米麴，進而製造出味噌和醬油。由此可知，米是日本人及日本料理的根基。日本人吃的米飯是粳米，做紅豆飯或麻糬年糕的是糯米。日本人活用各自的特徵，製作出各式各樣的料理與點心。

日本的料理店在套餐最後提供用陶鍋現煮的飯，我想我應該是第一人。那是三十多年前的事了。雖然當時大家配合客人的用餐速度端出現煮的飯。都說「那麼做太麻煩了吧，沒辦法啦」，如今倒是很多店都習以為常地那麼做。我當初的想法是，法國的一流店家都會供應現烤的麵包。既然知道現煮的飯很美味，沒理由不提供給客人。常言道「葡萄酒和麵包是歐洲人的血與肉」，這麼說來「日本人的血與肉就是日本酒和米飯」。日本人的根基果然是米飯。人們對現煮的飯有特殊的情感。

菊乃井使用的米是直接向山形縣農民訂購的低農藥「豔姬」米。

以前的人一個人有四個左右的飯碗。我和太太交往時，我母親曾說「你問問她是用怎樣的碗」。「如果她說夏天是用這樣的碗，冬天是用那樣的碗還算及格。假如她說沒有固定欸，我們家都是用相同的碗，夏天冬天都一樣，那你就得好好考慮囉。」我母親還說：「要是有用自己專屬的筷盒很好，夏天和冬天會換不同的筷子更好。那樣的環境很重要。」

如何思考每天的飲食，有沒有認真思考，我母親想說的應該是這個吧。對了，知名的料理旅館美山莊的前任老闆中東吉次先生曾說，無論去哪裡他都帶著自己的筷子，他常說「筷子好比武士的刀啊」。

供應用陶鍋現煮的飯是菊乃井的作風。為避免殘留米糠味，第一次加的水要馬上倒掉，輕輕搓洗以免破壞米粒是訣竅。

在新米上市的秋季，感謝今年的豐收，全家共享現煮的飯。那樣的餐桌才是真正豪華豐盛的餐桌。

炊飯方式

1 米加水後立刻倒掉。（圖a）
2 再次加水，輕輕混拌。換水三、四次，重複此步驟。（圖b）等到水變成圖中的狀態即可（圖c）。
3 用網篩撈起米，靜置30分鐘~1小時。
4 米加等量的水（新米加少一點）。
5 以大火炊煮一〇分鐘後，轉小火炊煮一〇分鐘，再轉大火並立刻關火，燜蒸一〇分鐘。（圖d）

a

b

c

d

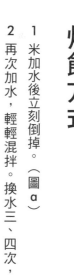

零餘子（山藥豆）飯

材料

米　3杯
零餘子　180克
黃柚子皮　適量
調味料（混合備用）
　鹽　1小匙
　酒　1大匙
　高湯　3杯

作法

1 米洗好後，用網篩撈起靜置30分鐘～1小時。
2 零餘子充分洗淨，柚皮切丁。
3 將1的米、調味料、零餘子倒入陶鍋，以大火炊煮10分鐘後，轉小火炊煮10分鐘，再轉大火並立刻關火，燜蒸10分鐘。
4 煮好後混拌，盛入碗內，撒上柚皮丁。

栗子飯

材料

米　3杯
去皮栗子　180克
調味料（混合備用）
　鹽　1小匙
　酒　1大匙
　高湯　3杯

作法

1 米洗好後，用網篩撈起靜置30分鐘～1小時。
2 栗子切成適口大小。
3 將1的米、調味料、2的栗子倒入陶鍋，以大火炊煮10分鐘後，轉小火炊煮10分鐘，再轉大火並立刻關火，燜蒸10分鐘。

綜合菇飯

材料

米　3杯
杏鮑菇、香菇、鴻喜菇　各60克
滑菇30克
調味料（混合備用）
- 鹽　1小匙
- 淺色醬油　1大匙
- 酒　1大匙
- 高湯　3杯

作法

1 米洗好後，用網篩撈起靜置30分鐘～1小時。
2 杏鮑菇切成3公分的條狀，香菇切掉硬蒂，切成薄片。鴻喜菇切掉根部，分成小束。滑菇去軸，用熱水汆燙後撈起。
3 將1的米、調味料、2的菇類倒入陶鍋，以大火炊煮10分鐘後，轉小火炊煮10分鐘，再轉大火並立刻關火，燜蒸10分鐘。

銀杏飯

材料

米　3杯
去殼銀杏　180克
調味料（混合備用）
- 鹽　1小匙
- 酒　1大匙
- 高湯　3杯

作法

1 米洗好後，用網篩撈起靜置30分鐘～1小時。
2 銀杏不剝皮直接下鍋，倒入剛好蓋過的水量加熱。煮滾後用湯勺等物的背面搓滾銀杏，去除薄皮。殘留的薄皮用手剝掉，對半切開。
3 將1的米、調味料、2的銀杏倒入陶鍋，以大火炊煮10分鐘後，轉小火炊煮10分鐘，再轉大火並立刻關火，燜蒸10分鐘。

什錦炊飯

材料

米　3杯
牛蒡　5公分
胡蘿蔔、蒟蒻　各50克
炸豆皮　1/4片
乾香菇　3朵
鴨兒芹　適量
調味料（混合備用）
酒　1大匙
淺色醬油　1大匙
鹽　1小匙
高湯　3杯

作法

1 米洗好後，用網篩撈起靜置30分鐘～1小時。
2 牛蒡洗淨後削薄絲，泡水。胡蘿蔔去皮，切成3公分長的條狀。蒟蒻水煮後，切成3公分長的條狀。炸豆皮切成3公分長的條狀。乾香菇泡水回軟後，對半切開再切片。鴨兒芹水煮後，切成1.5公分長。
3 將1的米、調味料、2的材料（鴨兒芹除外）倒入陶鍋，以大火炊煮10分鐘後，轉小火炊煮10分鐘，再轉大火並立刻關火，燜蒸10分鐘。
4 煮好後混拌，盛入碗內，擺上鴨兒芹。

菜式、米飯與燉菜

三菜一湯

三菜一湯的日文是一汁三菜，一汁的「汁」是汁物，也就是湯。和食最常見的湯是味噌湯，再搭配三種配菜。若以菜式來說，就是照燒鰤魚、燉蔬菜、芝麻拌菠菜。米飯和醃漬物不算在內。三菜一湯是和食菜式的基本。例如本膳料理，三菜一湯之後還會有各種菜餚。茶懷石也是會加上配酒的下酒菜或主菜。不過，目的各有不同。家庭的三菜一湯是吃飯的配菜，茶懷石是為了美味享用最後的茶的料理，本膳料理則是權力、權威的象徵。

然而京都家庭的三菜一湯卻給人「好豪華喔」的印象。在我小時候，一菜一湯是基本，白飯配壬生菜燉炸豆皮。這道菜沒用高湯燉，而是放小魚乾一起煮。這是京都人很常做的家庭菜。將葉菜類蔬菜用高湯的湯汁大量炊煮的燉菜，不只是菜也是湯。相當符合京都人節儉的作風。

三菜一湯這樣的日本菜式在營養與味道方面都非常好。首先，重視當季新鮮蔬菜或海鮮的原味進行烹調。

當季的食物營養滿分，味道也最棒。透過五味五法——以「切、煮、烤、蒸、炸」進行調理，用「鹹、甜、辣、苦、酸」變化調味，使人吃不膩。盛裝的器皿也要考量到整體的平衡，使用有季節感

三菜一湯

菜色為照燒鰤魚、燉蔬菜、芝麻拌菠菜、蘿蔔豆皮味噌湯，加上醃漬物和米飯。宛如畫中出現的家庭料理。活用當季的鮮魚時蔬，透過燒烤、燉煮、醃漬等多種烹調方式，做出色香味俱全的料理。三菜一湯是和食的基本。

的彩繪圖樣或形狀、瓷器或陶土製品。雖然是每天的飲食，不，正因為如此，費心做好準備。珍愛季節，豐富飲食。這種地方也能見到日本人的細心。

法國小孩很了解自己生長地區的起司。除了適合品嚐的期間，也知道原料是牛奶、山羊奶或羊奶。這是飲食教育的一環，因為他們會去參觀在地起司的製作，學習起司是如何來到自己的餐桌。

菜式、米飯與燉菜　三菜一湯

烹調五法——切、煮、烤、蒸、炸

切、煮、烤、蒸、炸這五種烹調方式稱為五法，是和食的基本調理法。

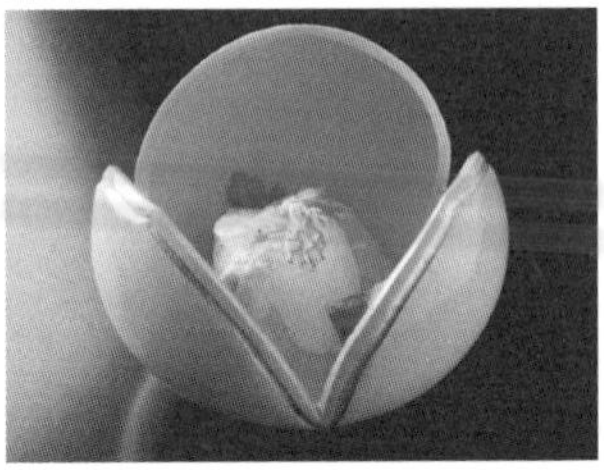

切

切法會改變料理的味道。日本料理的特色生食生魚片便是如此。

蒸

燒水利用水蒸氣加熱。溫度慢慢上升，活用食材原味的調理法之一。

煮

世界各國皆有的烹調法。許多日本料理都是活用食材原味，以醬油或味噌調味。

炸

在熱油中加熱的調理法。這是比較新的方法，具代表性的料理天麩羅現在已成為世界受歡迎的料理。

烤

有直火鹽烤、沾醬燒烤、照燒等各種方式，看似簡單實則深奧的調理法。

日本也有當地特有的產物，像是幾乎每天吃的醃漬物或味噌等。可是，日本小孩有多少人了解自己吃的醃漬物或味噌呢？近來很流行淺漬（製作時間短的醃漬物，又稱即席漬、一夜漬），日本人明明很在意起司的品嚐期限，卻把醃漬物都做成淺漬。漬物店的老闆感嘆地說：「乳酸發酵的正統醃漬物，最近都賣不好。」乳酸發酵的醃漬物、各地釀造的味噌等發酵食品才是日本的飲食文化。家家戶戶自製醃漬物及糠床（炒米糠加鹽水等材料混合而成的泥狀物），婆婆傳給媳婦再傳給孫子。利用各家的自然菌發酵熟成，成為各家特有的醃漬物。京都的話就是醃酸莖（冬天收成的一種蕪莖，只用鹽醃漬，與千枚漬、柴漬並列京都三大漬物）或醃日野菜（滋賀縣日野町產的一種蕪菁）。儘管費時費工又會產生不太好聞的氣味，卻是無法言喻的好滋味，配白飯相當對味。

以前我母親做菜的時候常問我：「你拿了乾貨罐嗎？」那是裝了乾香菇、葫蘆乾、豆皮、鹿尾菜等乾貨的罐子，平時做常備菜或什錦壽司時很好用。和食的菜式擅長活用常備菜。預先做好就是很棒的一道菜，忙碌的時候立刻就能派上用場。尤其適合當作匆忙早晨的早餐。英國或法國的早餐都有固定的形式，日本過去也是如此，但最近有些家庭一大早就吃披薩。就算是吃自己想吃的東西，我認為還是得珍惜並傳承日本早餐的形式。

蘿蔔豆皮味噌湯

材料（4 人份）

蘿蔔　200 克
炸豆皮　1/2 片
高湯　1L
味噌　4 大匙

作法

1 蘿蔔去皮，切成 3 公釐厚的扇形片狀。炸豆皮對半縱切，切成 1 公分寬。

2 將高湯和 1 的蘿蔔下鍋加熱，煮滾後轉小火，煮到蘿蔔熟透。放味噌攪溶，加炸豆皮，煮滾後盛入碗內。

照燒鰤魚

材料（2 人份）

鰤魚　2 塊（100 克）
調味料
酒　30cc
深色醬油　30cc
味醂　60cc
麵粉　適量
山椒粉　適量

作法

1 把鰤魚沾上薄薄一層麵粉。平底鍋內倒沙拉油（材料分量外），魚皮朝下放入鍋內煎。煎至兩面呈現焦黃後，加調味料，邊煎邊用醬汁澆淋鰤魚。

2 連同醬汁盛盤，撒上山椒粉。

芝麻拌菠菜

材料（4 人份）

菠菜　2 束
熟芝麻粒　40 克
深色醬油　2 大匙
砂糖　1 又 1/2 大匙

作法

1 用研磨缽磨碎芝麻粒，加砂糖和深色醬油充分拌勻。

2 菠菜清洗乾淨、去除泥沙，用熱湯略微汆燙。撈起泡冷水，變冷後擠乾水分。切掉根部，再切成4公分長。

3 將2的菠菜放入調理碗，加1混拌後盛盤，撒上熟芝麻粒（材料分量外）。

燉蔬菜

材料（4 人份）

乾香菇　4 朵
早煮昆布　4 片
蓮藕　1/4 節
牛蒡　1/2 根
胡蘿蔔　1/3 根
蒟蒻　1/4 塊
高湯　350cc
（含泡乾香菇的水）
深色醬油　25cc
味醂　25cc
砂糖　5cc

作法

1 乾香菇泡水回軟。早煮昆布用水泡軟後打結。

2 蓮藕去皮，切成7公釐厚。放入耐熱容器用600W微波加熱3～4分鐘。

3 牛蒡、胡蘿蔔削皮，切滾刀塊。放入耐熱容器用600W微波加熱～4分鐘。

4 用菜刀在蒟蒻的兩面劃出格紋，切成適口大小，汆燙後撈起。

5 將1～4的材料下鍋，加高湯和調味料、放內蓋，燉至煮汁幾乎收乾。

菜式、米飯與燉菜

冬季燉菜

在寒氣沁骨彷彿比叡山吹起落山風的日子，就要吃熱呼呼的燉菜。京都人家真的很常做燉蘿蔔或蕪菁。本書要介紹的鰤魚滷蘿蔔和鯛魚燉蕪菁是京都冬季具代表性的配菜。鰤魚滷蘿蔔算是家常菜，鯛魚燉蕪菁是高級一點的配菜。有趣的是，沒有鰤魚配蕪菁或鯛魚配蘿蔔的組合。料理的世界有所謂的「天作之合」，彼此互相襯托變得更美味的食材組合。鰤魚滷蘿蔔和鯛魚燉蕪菁便是具代表性的例子。

若是蕪菁配鰤魚，蕪菁會變得失色，換作鯛魚配蘿蔔，則是蘿蔔占上風。通常料理店會有鯛魚燉蕪菁，但鰤魚滷蘿蔔的味道強烈，無法列入菜單，所以不會有這道菜。常有人說因為鰤魚滷蘿蔔是下等菜……，這是誤解。我可不認為鯛魚比鰤魚高貴。兩者同樣都是神創造的大自然產物。人類擅自決定價錢，刻意做出等級評比，這是很奇怪的事。引出各自的美味與優點是料理人的職責。因此，即使都是燉菜，鯛魚燉蕪菁和鰤魚滷蘿蔔的作法並不同。

鯛魚和蕪菁是分開炊煮後組裝盛盤，稱為「炊合」。鰤魚和蘿蔔是一起下鍋滷。蘿蔔的辣味消除鰤魚的腥味，鰤魚的膠質中和蘿蔔的苦澀，因此兩者不能同鍋煮。

左／鯛魚燉蕪菁（左）與鰤魚滷蘿蔔都是京都冬季的人氣料理。蘿蔔和鰤魚一起滷成深濃醬色，蕪菁和鯛魚是分開炊煮後組裝盛盤。烹調方式依食材本身的味道有所改變。

以前讀過的食譜提到，煮的時候要邊煮邊撈除浮沫，最近，我才知道不撈浮沫反而比較好。我和京都大學的教授們進行調理科學的實驗，共同研究學習，發現鰤魚或鯖魚和蘿蔔一起燉煮時，比起邊煮邊撈浮沫，不撈浮沫的作法反而比較美味。原來浮沫中含有魚脂和蛋白質，這正是鮮味的來源。

雖然蘿蔔和蕪菁同屬十字花科，依採收地點的不同，形狀或味道也會改變。以聖護院蘿蔔為例，因為在京都聖護院一帶採收而得此名，但在大阪天王寺採收的天王寺蕪菁是其原種，改種在聖護院後變得碩大。形狀也有差異，聖護院蘿蔔渾圓飽滿且長，天王寺蕪菁較扁平，看起來像是鏡餅的形狀。作物的形狀、大小和味道因風土改變是很自然的事。

東京人總說天王寺蕪菁淡而無味，聖護院蘿蔔生長在日夜溫差大的環境，滋味確實比較濃郁。而且肉質細緻，做成千枚漬後，味道果然有差。

蘿蔔的日文漢字是「大根」，我認為蘿蔔是日本配菜的「根本」。被湯汁滷煮成黃褐色的蘿蔔散發出誘人香氣，任誰聞了都會食慾大開。且蘿蔔可以從頭用到尾。

蘿蔔的身體（根）通常是用來煮或蒸，由於富含麩胺酸，只用蘿蔔就能熬出美味的高湯。簡單的燉煮已經很好吃，用鹽搓拌也不錯，或是切塊炊煮後沾味噌吃。

以前的人會把削下來的蘿蔔皮放進竹篩，吊在屋簷下。用這些皮可以熬出美味的高湯喔。蘿蔔葉

京都近郊龜岡市的蕪菁田，長出色白細緻、肉質結實的蕪菁。

或莖也可炒煮或是拌入飯中。精進的想法是京都人的根基，對作物心存感謝，吃到盤底見天。

秋意漸濃露水結霜，天氣日益寒冷，根莖類作物的甜度增加，肉質也變得緊實。這對日本人來說，自古以來就是豪華大餐。今天又是冷颼颼的一天，今晚在家裡煮鰤魚滷蘿蔔吧。

千枚漬是京都冬季代表性的醃漬物。將切成薄片的蕪菁夾入昆布醃漬。

鰤魚滷蘿蔔

材料（4人份）

鰤魚　500克
蘿蔔　90克×8個
煮蘿蔔的水　900cc
酒　150cc
深色醬油　105cc
壺底油　22.5cc
砂糖　75克
薑絲　1小撮

作法

1 鰤魚魚雜切塊，魚肉切成適口大小。用熱湯汆燙，撈起泡冰水，去除血合肉和魚鱗。

2 蘿蔔削薄皮，切成厚圓片，用菜刀在表面劃十字切痕。蘿蔔下鍋，倒入剛好蓋過的水量，煮至軟透。

3 另取一鍋，放入鰤魚、蘿蔔、煮蘿蔔的水、調味料，煮約10～15分鐘。

4 盛盤，擺上薑絲。

鯛魚燉蕪菁

材料（4 人份）

鯛魚魚雜　2 條的量（500 克）

煮汁
- 酒　250cc
- 水　250cc
- 深色醬油　40cc
- 味醂　20cc
- 壺底油　10cc
- 砂糖

聖護院蕪菁　1/4 個

煮汁
- 高湯　500cc
- 淺色醬油　12.5cc
- 味醂　12.5cc
- 鹽　2.5 克

蕪菁葉　1/3 束

醬汁
- 高湯　250cc
- 淺色醬油　15cc
- 味醂　7.5cc
- 鹽　1.5 克

黃柚子皮（切絲）　1/3 個的量

作法

1 鯛魚頭切開，魚肉切成大塊，用熱水汆燙，撈起泡冰水，去除血合肉和魚鱗。

2 鯛魚下鍋，倒入酒和水，放內蓋燉煮。煮滾後撈除浮沫，依序加砂糖、深色醬油、老抽、味醂。

3 聖護院蕪菁切成略大的半月形塊狀。高湯和蕪菁下鍋加熱，煮至軟透後，加調味料燉數分鐘，關火放涼，使其入味。

4 將2的煮汁和3的煮汁互換約100cc，煮至變稠帶有光澤感。3再煮久一點，讓味道更入味。

5 蕪菁葉用熱水汆燙，撈起泡冰水，擠乾水分。拌合醬汁並煮滾，放涼後浸泡蕪菁葉。

6 將鯛魚、蕪菁和切成適口大小且加熱過的蕪菁葉盛盤，擺上柚皮絲。

後月

在京都總店的時候，我經常抬頭望月。敝店位於祇園神社（八坂神社）附近的東山山腳。晴朗的夜晚，不經意抬起頭見到大大的明月高掛東山。我總是看到入迷忘了時間。我祖母常說：「年輕時忙忙碌碌不得閒。不過，就算一瞬間也好，抬頭看看天空，圓圓月亮的夜空真美啊。整天低著頭做事，腦子裡淨想些無聊的小事，很容易就會動怒。」的確是這樣沒錯。

農曆八月十五日是中秋節，日本稱為十五夜。九月十三日是後月，又稱十三夜。據說欣賞滿月的風俗習慣始於中國唐代。日本到了平安時代，貴族會在滿月這天享受詩歌或音樂、乘舟遊河、舉辦宴會飲酒作樂。對平民來說，月亮也是很貼近生活的存在，農民每晚觀月占卜天氣，選擇適當的時機播種收成。

畫中僅一輪明月，意境玄妙的掛軸是活躍於江戶末期至明治初期的畫家菊池容齋之作。下方供奉著栗子和毛豆。

每年十五夜到十三夜會掛上月亮的掛軸，進行祭拜。供品每天都會更換。

公家（為天皇與朝廷工作的貴族和官員）將賞月視為「觀賞」行為，對農民卻是與生活糧食息息相關的事。中國進入明代後，開始用供品祭拜月亮，日本則是在室町時代後期出現相同的風俗。到了江戶時代中期，一般家庭才開始用供品祭拜月亮。我喜愛十五夜的滿月，但十三夜的後月令人依戀，我也喜歡。

說起京都的秋天，就會想到松茸。這個時期的廚房總是充斥著松茸的濃烈香氣。客人喜愛的料理莫過於烤松茸。以炭火豪邁炙烤，堪稱頂級美饌。

似乎只有日本人會欣賞後月，有人說這是因為寬平法皇（宇都天皇）曾經讚賞過「今宵月無雙」。表現日本的大自然之美、季節之美、美感的「花鳥風月」、「雪月花」都有提到月亮。月亮在日本人心中是特別且風雅之物。以前的人認為只在十五夜賞月，十三夜不賞月會招來壞事，稱為「片見月」（意指不圓滿的賞月）。後來也有人說在中秋同時欣賞天上和映照在水面的月亮，等於見過了兩個月亮，所以不賞後月也沒關係。至於祭拜月亮的供品，十五夜是芋頭，十三夜是豆類或栗子。因此十五夜的別名是芋名月，十三夜是豆名月或栗名月。日本人賞月是吃麻糬糰子，關西與關東地區有所差異。京都是在形似小芋頭的麻糬糰子上放紅豆餡。小時候我總是很想趕快吃到麻糬糰子。傍晚拜拜後，我問母親：「糰子呢？」母親回道：「就要吃晚飯了，」等到吃完晚飯，糰子已經變硬，忍不住碎念：「果然都變硬了。」好想吃新鮮現做的糰子，討厭等待的那段時間，即便心裡那麼想，就連一家之主都不能比神明先吃，這是理所當然的事。

說起這時期京都的當令食材，莫過於松茸。每年都有許多客人為了品嚐松茸而來。日本有句俗諺「松茸香，鴻喜菇味美」，足見松茸的香氣有多重要。大概只有日本人可以了解這種感覺吧。春天的竹筍和秋天的松茸就是那麼與眾不同，給人鮮明強烈的季節感，這算是日本人的共識吧。這和法國人對松露的感覺略有不同。因此，料理上也不譁眾取寵，堅持純粹的原味。像是土瓶蒸（將食材裝進陶壺烹調）或松茸飯，最讚的是烤松茸。以炭火烤大朵的松茸，沾酸橘醋享用。

據說土瓶蒸原是丹波一帶的鄉土料理。將吊在地爐的土瓶的熱水倒掉，放入松茸，淋酒燜蒸。以前我喝過土瓶內剩下的酒，真的非常美味。京都的料理人把這道菜巧搭鮮味十足的落海鰻（晚秋時捕獲的海鰻）做成洗練的料理提供給客人。先在小杯倒入醬汁，再擠一滴柚子汁或酸橘汁是最妥當的吃法。不這麼做的話，香氣會產生衝突。最近的土瓶蒸還會放雞肉或蝦子和銀杏，搞得像什錦鍋一樣。身為料理人應該好好觀察食材，觸摸聞香，感受季節變化的喜悅。

烤松茸和涼拌茼蒿

烤松茸和涼拌茼蒿是這個時期才有的料理。盛裝在雅致的古清水寫菊形碗。

材料（4人份）

茼蒿　1束
醬汁
- 高湯　250cc
- 淺色醬油　15cc
- 味醂　7.5cc
- 鹽　1.5克

松茸　2根
鹽　少量
酸橘醋　適量
黃柚子汁　適量
黃柚子皮（切絲）　適量

作法

1. 拔下茼蒿葉，用熱水汆燙，撈起泡冷水。擠乾水分後，放入醬汁浸泡。
2. 松茸切成大塊後撒鹽。用炭火烤至焦黃後，切成適口大小，拌裹少許酸橘醋。
3. 將茼蒿葉切成適口長度，和松茸一起放進調理碗混拌，用剩下的醬汁加酸橘醋、柚子汁調味。盛入容器內，擺上柚皮絲。

茶道——名殘

日本茶道將十月稱為名殘，十一月是開爐、口切。名殘包含兩種心意，惜別使用了半年的風爐（放在地板上的火爐），以及在下個月開封新的茶葉壺（口切）之前，珍惜使用所剩不多的茶葉。此外再加上惜別離去的夏天，十月令人莫名的傷感。月亮也進入十六夜，從滿月變成殘月，秋意漸濃。秋蟲鳴、涼風起，寂寞心情油然而生。在此季節，這種「物哀」（觸碰、目見、耳聞時觸發的深切哀愁）也被融入菜式或擺設。食材選用能讓人感受到惜夏之情的海鰻或秋茄、帶卵香魚，料理也是簡單富野趣的樸素風格。盛裝的器皿同樣是素雅的設計。若是陶瓷器，使用金繕（將破碎的器皿黏好，在接縫處用金粉描繪）的樣式。向付（生魚片）也依客人改變器皿，呈現「寄向」（用不同器皿盛裝向付給每位客人）的巧思。這是表現無法準備成套器皿，美中不足的遺憾心情。透過金

名殘的菜色

向付（生魚片）　紅紫蘇醬菜拌鯛魚　土佐醋醃菊花佐山葵

湯　調合味噌　烤茄子　黑芝麻

飯　文字飯（盛裝成一字形的飯）

煮物（燉菜）　清湯　海鰻沾葛粉燉煮　松茸　四季豆　柚子

烤物　燜煎香魚

清口菜　錐栗　薑絲

八寸（下酒菜）　烤海膽　鹽烤銀杏松葉串

湯壺

醬菜　日野菜（滋賀縣日野町產的一種蕪菁）　切碎的菜葉

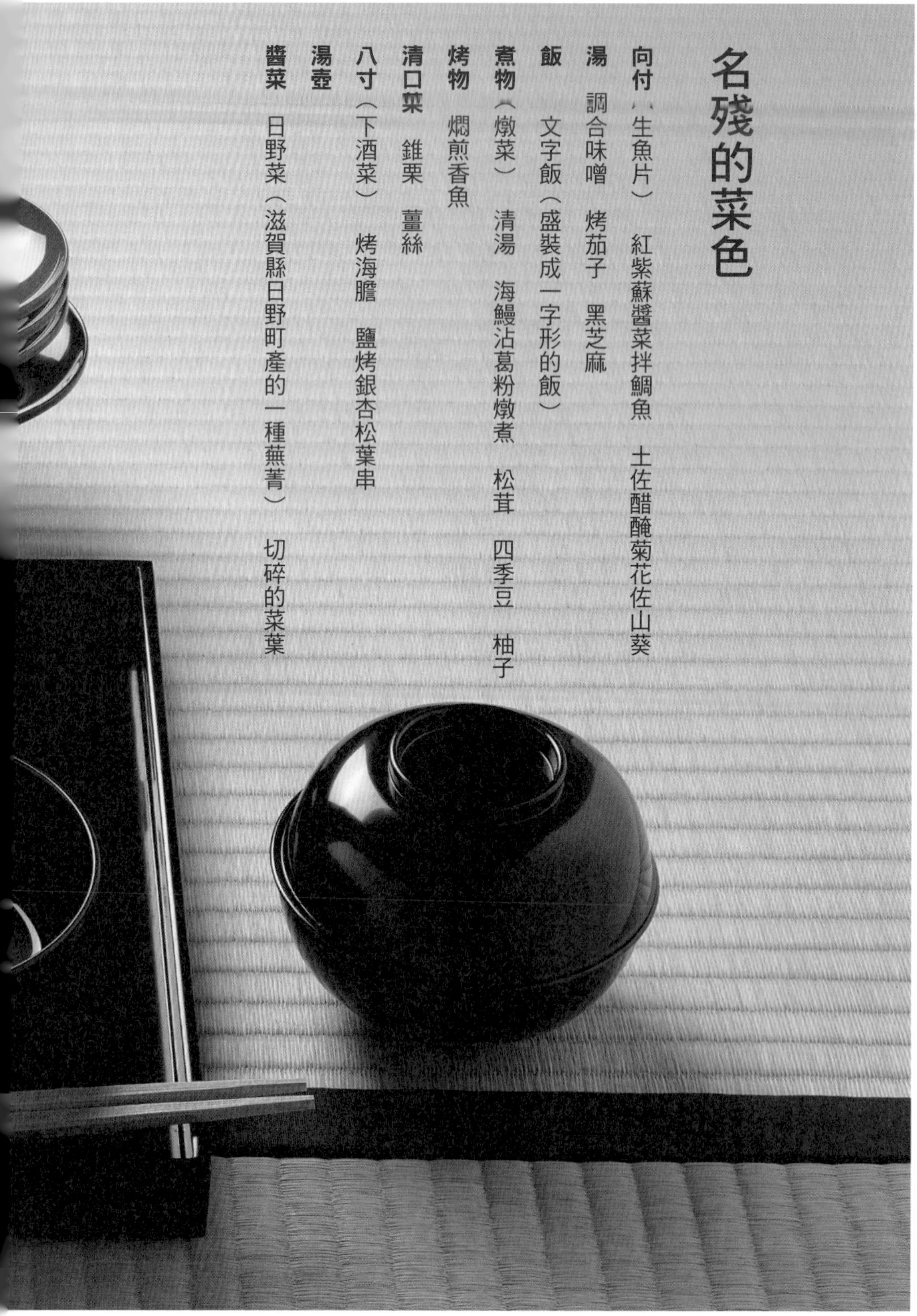

茶事的懷石料理最初是飯、湯、向付。向付是紅紫蘇醬菜拌鯛魚。日文名為「柴漬」的紅紫蘇醬菜，由來眾說紛紜，其一和隱居在京都大原寂光院的建禮門院德子（平德子，安德天皇的生母）有關。她將當地人送的樸素醬菜命名為大原女性頂在頭上賣的柴火。　鍋／梶 古美術

繕與寄向玩味景色或設計，這與日本人的美感有著深切的關聯。

「物哀」的風情也反映在料理店的菜式。侘的原意是冷清，寂是寂寞。這種美感並非日本人才懂。我曾遇過法國人看到一朵插在燒締（不淋釉藥以高溫燒製的陶器）花器的山茶花後說「覺得好悲傷」。來自四季分明的國家的人也和日本人一樣有感受四季的心。此外，也有法國人對於主菜是烤鹿肉配雞油菇佐醋栗醬的法國料理說出「好像在秋天的森林裡散步」的評語。我想儘管文化各不相同，重視物品的原味，感受物品的美好是全世界共通的吧。

據說日本的茶是最澄大師自唐朝返國時，和他一起返國的留學生僧永忠帶回茶種。後來，臨濟宗的開宗祖師榮西引進稱為抹茶法的宋代茶，這就是茶道與茶道文化的起源。這時期的茶是非常貴重的物品，被當作藥物飲用。到了室町時代，書院式的茶道在東山時代（室町中期）轉移成簡樸的侘茶。侘茶、草庵式茶道的創始者村田珠光傳給武野紹鷗，後由利休居士（茶聖千利休）集為大成。懷石（茶懷石）料理的樣式始於十六世紀，到了十八世紀中期幾近完成。

將燜煎香魚盛裝在散發寂寥風情，金繕修復過的北大路魯山人的備前四方盤。

接待室的擺設。掛軸是鈴木華邨的殘月與菊，古伊賀花器裡插著芒草、桔梗、胡枝子。

煮物（燉菜）是名殘的海鰻與松茸。

懷石對日本料理造成莫大的影響。

有別於以往的本膳料理（為了展示炫耀、誇示權力的料理），確立了每吃完一道料理才端出下一道的新型態。這很符合現代人普遍認為的「熱食就要趁熱吃」的觀念。而且，因為懷石是讓最後的茶喝起來美味的止飢食物，分量也要適量，不做多餘裝飾。此外，作為反映茶道季節感或趣味的懷石料理也促成了現代料理文化的大幅成長。

我的茶道老師是裏千家的井口海仙，井口老師使我獲益良多。他曾告訴我：「舉行茶事必須讓客人感受到亭主的心情。客人要去感受何謂名殘。」若說茶事是亭主與客人在精神上的傳接球，料理店的店主和客人也是如此。本書以簡樸的菜式融入惜別之心，不知各位是否能感受得到。

最近的料理越來越過度裝飾，我認為應該趁此時回歸茶懷石的風格。茶道的節度與品味很重要。節度是不出風頭，有所節制的緊張感。

品味是保持現有的姿態。從挑選器皿到材料的切法都不能任意隨興。要保有餘韻，沒有殘心就會變得無品。只用小巧精緻的東西未必優雅，即使粗糙也可以很優雅。那就是屬於我的菊乃井料理。我從茶道學到了這些事。

紅紫蘇醬菜拌鯛魚

材料（4人份）

魚肉　180克
昆布（醃漬用）　適量
酒　適量
鹽　0.9克
紫蘇醃菜　50克
山葵泥　適量
土佐醋醃菊花　適量

作法

1 將鯛魚肉切成4～5公分寬，削切成7公釐厚。再切成7公分的棒狀。
2 鯛魚肉撒鹽（0.9克），靜置約一小時使其入味。接著撒少許的酒。
3 昆布撒酒，稍微回軟。用昆布夾住2的鯛魚肉，靜置約一小時。
4 把3的昆布鯛魚放入調理碗，邊加切碎的紅紫蘇醬菜邊大略翻拌。
5 盛盤，擺上山葵泥和土佐醋醃菊花。

茶道——口切

當京都被紅、黃、橙的楓葉染上美麗色彩的時節，北野天滿宮正要舉行「御茶壺奉獻祭」。據說這是源自天正十五（一五八七）年農曆十月一日，關白⑮豐臣秀吉在北野天滿宮舉辦的北野大茶會。這個每年十一月二十六日舉行的儀式是京都秋季的風物詩。神主（神社祭司）邊走邊進行除穢，朝本殿前進，後方跟著茶娘打扮的女子、白衣的男子運送收在唐櫃的御茶壺（裝茶葉的壺）。壺裡各自裝著木幡、宇治、菟道、伏見桃山、小倉、八幡、京都、山城生產的茶葉。抵達本殿後，取出茶壺進行除穢，在神前舉行口切式。這是在神前開封茶壺，取出茶葉奉獻給神的儀式。奉獻的茶葉用於十二月一日的獻茶祭。

茶道用的茶葉原本是在使用時才從茶壺取出需要的分量，用茶臼碾磨。採收新茶之前，先將茶壺交給茶師，裝入新茶後，放置約半年。到了十一月送往茶家（教導茶道的人），開封茶壺，用茶臼碾磨，沏泡濃茶。那就是口切，對茶人來說是非常重要的事之一。十一月舉行的口切茶事令人感到雀躍。十一月也是開爐的時期，一切煥然一新，洋溢著「茶人正月」的嶄新氛圍。十一月是如此特別的月分。

由於茶道的規矩很多，不少人覺得麻煩。不過，我認為其本質是盡「款待」的心意。開封茶壺，安靜專注地用茶臼磨茶。茶事的重點不就是迎接客人予以款待，勞心勞力也樂在其中嗎。當客人開心，自己也會感到歡喜，不就是那種感覺嗎。以筷子為例。除了日本，中國和韓國也會使用筷子對吧。中國上等的筷子是象牙筷或金筷，韓國是銀製。在茶道的世界，亭主親手削製的杉木兩細筷（兩端尖細）最頂級。杉木輕巧易持、方便使用，散發淡雅清香。亭主費心費力親手削製，完成了獨一無二的筷子。但對方也得理解那份心意並感到開心

---

⑮日本的古代職官，天皇年幼時太政大臣主持政事稱攝政，天皇成年親政後改稱關白。

將套上網子、裝有濃茶和薄茶的茶壺擺在初座（茶事分為三階段，初座、中立〔休息時間〕和後座）的壁龕做裝飾。

「御茶入日記」記錄了茶壺裡的濃茶（厚茶）和薄茶（淡茶）的名字、採茶日期與裝茶師的姓名。

切開壺口，令人期待的瞬間。茶壺的半袋（裝濃茶的和紙袋）裝了三種濃茶，周圍是薄茶。

才行。很多人去旅行都會買伴手禮。即使不是多棒的禮物，送禮者的心意令收禮者感到開心。比起實質的物品，日本人更重視心意。日本人是不以金錢衡量事物的民族，對此我深感驕傲。

茶道亭主與客人的關係就像料理店店主與顧客的關係。前文也曾提到，茶會不能只是亭主單方面的想法。一方有想要款待的想法，另一方要有歡喜接受款待的心態。在某種意義上，口切的料理比正月的初釜（新年的第一次茶會）更像是祝賀的菜式。例如使用鯛魚或蝦子等具有慶祝意涵的食材，選擇象徵喜氣的器皿，掛軸也是如此。雖然十一月被稱為茶人正月，和新年正月仍是不同的季節。一月是春天，充滿春意盎然的熱鬧氣息。另一方面，口切則是從飲用最後的茶，散發寂寥感的名殘十月進入飲用新茶的月分。考量到這個部分，營造出祝賀的氛圍。進肴（下酒菜）的「黃金伊勢龍蝦」如果是在新年正月，就會使用赤繪金襴手缽盛裝。因為是口切，所以才用琉璃金襴手缽。為了表現是深秋時節的祝賀，將伊勢龍蝦裹上蛋黃弄成金黃色，搭配大量的黃柚皮絲。

利用黃色呈現秋天的華麗感。料理要切成一口大小的尺寸，盛盤和拿取的方便性也要考慮到輪流取食這點。當下一位客人拿到時，必須維持美麗的樣貌。同時也讓客人思考拿哪個料理會讓自己看起來優雅。這也是雙向的體貼心意。

端正秀麗的琉璃缽映襯出伊勢龍蝦的金黃色澤。此缽是村田先生的國小同學澤村陶哉之作。兒時好友製作的容器充滿京都的雅致風情，村田先生也收藏了數件。

黃金伊勢龍蝦

材料（3人份）

小蕪菁　1又1/2個
高湯　500cc
淺色醬油　12.5cc
味醂　12.5cc
鹽　5克
豆皮　5片
高湯　200cc
淺色醬油　10cc
味醂　5cc
黃柚子皮（切絲）
適量
龍蝦（500～600克）
1尾
高湯　400cc
白味噌　15～20克
酒　100cc
蛋黃　2個
麵粉　適量
炸油　適量

作法

1 小蕪菁留下3公分左右的莖，其餘切掉並削皮。切成適口大小後，用高湯煮至軟透，再加調味料炊煮。

2 豆皮重疊捲起，用竹皮綁住兩端，放入加了調味料的高湯炊煮。

3 切開伊勢龍蝦，取出蝦肉，切成一口大小。蝦殼切成適當的大小。酒和蝦殼下鍋，放內蓋加熱，煮到酒剩下一半的量左右。接著放入蝦膏攪溶。用細網目的網篩過濾。

4 另取一鍋，倒入高湯和3的湯汁，加白味噌攪溶煮滾。

5 蝦肉裹上麵粉、沾蛋液，用低溫（150度）的油炸過後，淋熱水去油。

6 再把蝦肉放進4的鍋中略煮。

7 將蝦肉、小蕪菁和切成適口大小的豆皮盛盤，擺上柚皮絲。

歲末

各位在年底的時候會不會送禮給關照過自己的人呢？最近日本人似乎不太注重所謂的盂蘭盆節和歲末問候。送禮的人和收禮的人好像都覺得頗麻煩。即便如此，歲末送禮不只是送禮物而已。那是一種向對方表示「我很關心你」的心意。那麼久沒見了，對方一切都好吧？該送什麼好呢？對方收到什麼會開心呢。收到禮物的人內心因為疏於聯絡而感到抱歉，提筆寫下感謝信。我認為歲末送禮這個風俗習慣中包含了人與人的互動，以及內心的交流。自古以來的規矩，還是希望能夠流傳下去。

十二月十三日是事始，原本是從這天開始著手過年的準備，故得此名。這天在商家和花街也是分家向本家、弟子向師傅贈送鏡餅，表達一整年的感謝的日子。

這件事近來因為上新聞而變得有名，京都最大花街祇園甲部的藝妓和舞妓去拜訪京舞井上流的掌門人井上八千代的住家。練習場內擺滿鏡餅，洋溢著年末的熱鬧氣息。對我們料理人來說，十二月十三日起就是一年之中最忙碌的時期。沒錯，要開始準備年菜了。

京都不靠海，不易獲得新鮮的海產，加上以前沒有冰箱，所以新年料理必須能夠耐放。於是，京都人都很懂得活用乾貨。棒鱈（鱈魚乾）、身欠（去掉頭尾）鯡魚乾、鯡魚卵乾以及黑豆，這些都是乾貨。推算完成的時日，各自浸泡回軟。

新年料理的必備食材，首先是鯡魚卵。在我小時候，浸泡回軟的鯡魚卵堆得像座小山。大人總是再三叮嚀我：「不准碰！不准摸！」那時日本鯷魚乾比鯡魚卵乾貴，新年過後，那些鯡魚卵就成了店內員工的配菜。因為量很多，還被當成田裡的肥料。現在的鯡魚幾乎都是美國產，已經很少看到鯡魚卵乾。每到準備年菜的時期，我母親總是會說：「那些和鯡魚卵乾差多了，口感就是不

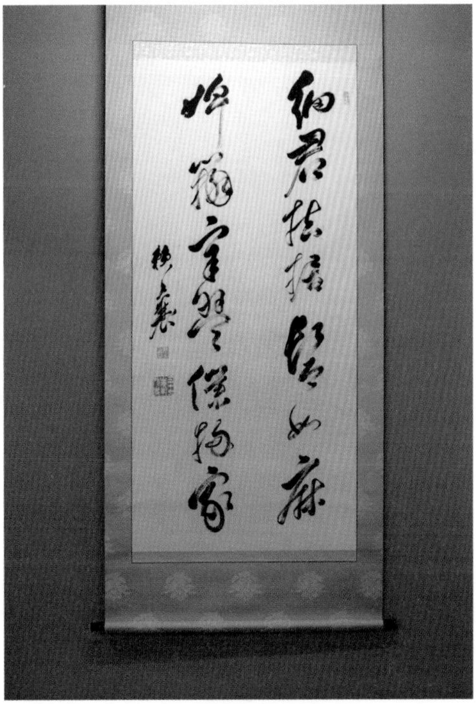

賴山陽（江戶時代後期的漢詩人）描寫除夕景象的詩。相較於忙進忙出的太太和僕人，一家之主卻閒著沒事。

一樣。」睽違多年後再次品嚐，果然很好吃。

獨特的彈牙口感好似軟糖，沒有雜味的純粹鮮味。不過，由於數量稀少，市面上幾乎找不到，而且價格也很高。這種東西製作上費時費工，料理上也是。再加上價錢昂貴，還是別用的好。說起來容易，但我內心還是覺得這樣的東西必須傳承下去，那是一種文化啊。棒鱈也是如此。

北大路魯山人製作的織部缽內裝著海老芋和棒鱈（鱈魚乾）。取菜盤是大明赤繪。
雖然現在會做這道菜的家庭越來越少，海老芋燉棒鱈是京都年菜的必備料理。

過去家家戶戶到了新年都會做芋頭（海老芋）燉棒鱈，如今已經大不如前。從前只要去一趟錦市場就能買齊新年所需。十二月的時候去採購，著手準備新年料理。

到了接近年底的二十八日，我家就會搗年糕。孩子們明顯感受到年末將至，個個變得興奮雀躍。在外面玩到天黑，回家後就跑去確認芋頭燉棒鱈做得如何。今年的棒鱈好硬喔，芋頭燉得剛剛好唷，像這樣逕自評論起來。三十一日的晚上，到八坂神社請朮火，隔日元旦早上從菊水井汲清水，用這個火煮年糕湯。雖然我們也會享用，在那之前，還是要先祭拜灶神、弁天（象徵口才、音樂與財富的女神）和庭院的神明。表達一年的感謝，迎接即將到來的新年。年底不就是思考這些事的重要時刻嗎。

今後我也會繼續探索並傳達日本精神與和食精神，在此由衷感謝讀完本書的各位讀者。

年菜使用的乾貨是在十二月十三日的「事始」之後，開始浸泡回軟。右上起，順時鐘方向依序是，黑豆、新年裝飾必備的神馬草（馬尾藻）、鱈魚乾、鯡魚卵乾、身欠（去掉頭尾）鯡魚乾。儘管鯡魚卵乾的產量驟減，獨特的口感和鮮味還是有別於一般的鹽漬鯡魚卵。

海老芋燉棒鱈

材料（6 人份）

棒鱈（已泡軟） 600 克
海老芋 6 個
酒 950cc
砂糖 4 克
深色醬油 200cc
味醂 100cc
黃柚子皮（切絲） 適量

作法

1 棒鱈切成適口大小，下鍋倒入蓋過的水量，煮好後泡水。海老芋去皮削成六角形，大一點的對半切開，或是切成適口大小後泡水。

2 將棒鱈和海老芋下鍋排好，倒入蓋過的酒和水（各約950cc）。放內蓋加熱，炊煮至兩者變軟。

3 依序放砂糖、深色醬油、味醂，若發現湯汁變少了就加水，視情況調整，使整體入味。煮好後放涼。

4 要吃的時候加少量的高湯（材料分量外）重新加熱，調整味道。

5 盛入容器，擺上柚皮絲。

村田 吉弘
Yoshihiro Murata

一九五一年出生，京都知名料亭「菊乃井」第三代店主。就讀立命館大學期間，赴法學習法國料理。大學畢業後，投身日本料理界，目前擁有總店與木屋町的「露庵菊乃井」、東京赤坂分店三家店鋪，二〇一八年設立供應便當與甜食的「無碍山房」。曾任日本料理學苑（Japanese Culinary Academy）理事長等多個要職，致力促成「和食」

登錄為聯合國教科文組織的無形文化遺產。他認為和食是一項重要的日本文化，推廣至世界的同時，也要延續給後代，將此視為人生志業。二〇一二年獲得「現代名工」、「京都府產業功勞者」，二〇一三年獲得「京都府文化功勞賞」，二〇一四年獲得「地域文化功勞者（藝術文化）」，二〇一七年獲得「文化廳長官表彰」，二〇一八年獲頒「黃綬褒章」。在醫療機關與學校擔任講師，提出「飲食弱者」的問題，推行解決對策的食育活動。著有《從用量學會和食基礎》（ＮＨＫ出版）、《京都料亭的品味方式》（光文社新書），以及首本被翻譯為英文的《*KAISEIKI: The Exquisite Cuisine of Kyoto's Kikunoi Restaurant*》等多本書籍。

愛　　生　　活　　　　　　0　5　0

和食之心：

菊乃井・村田吉弘的「和食世界遺產」

菊乃井・村田吉弘の〈和食世界遺産〉和食のこころ

國家圖書館出版品預行編目（CIP）資料

和食之心：菊乃井・村田吉弘的「和食世界遺產」／村田吉弘著；
連雪雅譯. -- 初版. -- 臺北市：健行文化，2020.01
192 面；17×23 公分. --（愛生活；50）
譯自：和食のこころ：菊乃井・村田吉弘の〈和食世界遺産〉

ISBN 978-986-98541-1-5（平裝）

1. 餐飲業　2. 餐飲管理　3. 日本

483.8　　108021154

作　　者——村田吉弘
譯　　者——連雪雅
責任編輯——曾敏英
發 行 人——蔡澤蘋
出　　版——健行文化出版事業有限公司
台北市 105 八德路 3 段 12 巷 57 弄 40 號
電話／02-25776564・傳真／02-25789205
郵政劃撥／0112295-1

九歌文學網　www.chiuko.com.tw

排　　版——綠貝殼資訊有限公司
印　　刷——前進彩藝有限公司
法律顧問——龍躍天律師・蕭雄淋律師・董安丹律師
發　　行——九歌出版社有限公司
台北市 105 八德路 3 段 12 巷 57 弄 40 號
電話／02-25776564・傳真／02-25789205
初　　版——2020 年 1 月
定　　價——380 元
書　　號——0207050
I S B N——978-986-98541-1-5